"创新设计思维"
数字媒体与艺术设计类新形态丛书

Illustrator CC

平面设计 标准教程

微课版 第2版

互联网＋数字艺术教育研究院 ◎ 策划

牟音昊 罗国涛 ◎ 主编

黄海燕 王海锋 ◎ 副主编

人民邮电出版社

北 京

图书在版编目（CIP）数据

Illustrator CC平面设计标准教程：微课版 / 牟音昊，罗国涛主编. -- 2版. -- 北京：人民邮电出版社，2021.8
（"创新设计思维"数字媒体与艺术设计类新形态丛书）
ISBN 978-7-115-56435-1

Ⅰ．①I… Ⅱ．①牟… ②罗… Ⅲ．①平面设计－图形软件－教材 Ⅳ．①TP391.412

中国版本图书馆CIP数据核字(2021)第075784号

内 容 提 要

　　本书全面系统地介绍了 Illustrator CC 2019 的基本操作方法及矢量图形制作技巧，主要内容包括平面设计的基础知识、初识 Illustrator CC 2019、图形的绘制和编辑、路径的绘制和编辑、图形对象的组织、颜色填充与描边、文本的编辑、图表的编辑、图层和蒙版的使用、使用混合与封套效果、效果的使用、综合实训案例。

　　本书将案例融入软件功能的介绍过程中，力求通过课堂案例演练，使学生快速掌握软件的应用技巧；在学习基础知识和基本操作后，通过课后习题实践，拓展学生的实际应用能力。本书的最后一章，精心安排了专业设计公司的几个精彩案例，力求通过这些案例的制作，提高学生艺术设计创意能力。

　　本书适合作为高等院校数字艺术、计算机等相关专业的教材，也可作为相关人员的自学参考书。

◆ 主　　编　牟音昊　罗国涛
　　副 主 编　黄海燕　王海锋
　　责任编辑　许金霞
　　责任印制　王　郁　马振武

◆ 人民邮电出版社出版发行　　北京市丰台区成寿寺路 11 号
　　邮编　100164　　电子邮件　315@ptpress.com.cn
　　网址　https://www.ptpress.com.cn
　　固安县铭成印刷有限公司印刷

◆ 开本：787×1092　1/16
　　印张：19.5　　　　　　　　　　2021 年 8 月第 2 版
　　字数：565 千字　　　　　　　　2025 年 1 月河北第 9 次印刷

定价：59.80 元

读者服务热线：(010)81055256　印装质量热线：(010)81055316
反盗版热线：(010)81055315
广告经营许可证：京东市监广登字 20170147 号

编写目的

Illustrator 功能强大、易学易用，深受图形图像处理爱好者和平面设计人员的喜爱，是当今流行的图像处理和矢量图形设计软件，被广泛应用于平面设计、包装设计、书籍装帧设计等领域。

为了让读者能够快速且牢固地掌握 Illustrator CC 的使用方法，并设计出更有创意的平面设计作品，我们几位长期在本科院校从事艺术设计教学的教师与专业设计公司经验丰富的设计师合作，并于 2016 年 3 月出版了本书的第 1 版，截至 2020 年底，已有近百所院校将本书选作教材使用，并受到广大师生的好评。随着 Illustrator 软件版本的更新，以及平面设计所涉及领域的扩大，我们几位编者再次合作完成本书第 2 版的编写工作。本书以 Illustrator CC 2019 为软件版本，增加了 Banner 设计、海报设计和装帧设计等领域的案例，希望通过本书能够快速提升读者的创意思维与设计能力。

内容特点

本书章节内容按照"课堂案例—软件功能解析—课堂练习—课后习题"这一思路进行编排，且在本书最后一章设置了专业设计公司的 4 个商业实例，以帮助读者综合应用所学知识。

课堂案例： 精心挑选课堂案例，通过对课堂案例的详细操作，使读者快速熟悉软件基本操作和设计基本思路。

软件功能解析： 在对软件的基本操作有一定了解之后，再通过对软件具体功能的详细解析，帮助读者深入掌握该功能。

课堂练习和课后习题： 为帮助读者巩固所学知识，设置了课堂练习这一环节，同时为了拓展读者的实际应用能力，设置了难度略为提升的课后习题。

FOREWORD

学时安排

本书的参考学时为 64 学时，讲授环节为 36 学时，实训环节为 28 学时。各章的参考学时参见以下学时分配表。

章节	课程内容	学时分配	
		讲授 / 学时	实训 / 学时
第 1 章	平面设计的基础知识	1	
第 2 章	初识 Illustrator CC 2019	1	
第 3 章	图形的绘制和编辑	6	4
第 4 章	路径的绘制和编辑	4	2
第 5 章	图像对象的组织	2	2
第 6 章	颜色填充与描边	4	2
第 7 章	文本的编辑	4	2
第 8 章	图表的编辑	2	2
第 9 章	图层和蒙版的使用	2	2
第 10 章	使用混合与封套效果	2	2
第 11 章	效果的使用	2	2
第 12 章	综合实训案例	6	8
总计 / 学时		36	28

资源下载

为方便读者线下学习及教学，本书提供书中所有案例的微课视频、基本素材和效果文件，以及教学大纲、PPT 课件、教学教案等资料，读者可通过扫描封面二维码进入课程界面进行下载。

基础素材　　　　效果文件　　　　微课视频　　　　PPT 课件　　　　教学大纲　　　　教学教案

致　谢

本书由互联网＋数字艺术教育研究院策划，由牟音昊、罗国涛任主编，由黄海燕、王海锋任副主编。另外，相关专业制作公司的设计师为本书提供了很多精彩的商业案例，在此表示感谢。

编　者

2021 年 3 月

目录 CONTENT

CONTENT

CONTENT

CONTENT

Chapter

1

第1章
平面设计的基础知识

本章主要介绍平面设计的基础知识，其中包括平面设计的概念、应用、要素、应用软件和工作流程等内容。作为一个平面设计师，只有对平面设计的基础知识进行全面的了解和掌握，才能更好地完成平面设计的创意和设计制作任务。

课堂学习目标

- 了解平面设计的概念和应用
- 了解平面设计的要素和应用软件
- 掌握平面设计的工作流程

1.1　平面设计的概念

1922 年，美国人威廉·阿迪逊·德威金斯最早提出和使用了"平面设计（Graphic Design）"一词。20 世纪 70 年代，设计艺术得到了充分的发展，"平面设计"成为国际设计界认可的术语。

平面设计是一个包含经济学、信息学、心理学和设计学等领域的创造性视觉艺术学科。它通过二维空间进行表现，通过图形、文字、色彩等元素的编排和设计来进行视觉沟通与信息传达。平面设计师可以利用专业知识和技术来完成设计任务。

1.2　平面设计的应用

目前常见的平面设计应用，可以归纳为九大类：广告设计、书籍设计、刊物设计、包装设计、网页设计、标志设计、VI 设计、UI 设计和 H5 设计等内容。

1.2.1　广告设计

现代社会中，信息传递的速度日益加快，传播方式多种多样。广告凭借着各种信息传递媒介出现在人们日常生活的方方面面，已成为社会生活中不可缺少的一部分。与此同时，广告艺术也凭借着异彩纷呈的表现形式、丰富多彩的内容信息及快捷便利的传播条件，强有力地冲击着我们的视听神经。

广告的英语译文为 Advertisement，最早从拉丁文 Adverture 演化而来，其含义是"吸引人注意"。通俗意义上讲，广告即广而告之。不仅如此，广告还同时包含两方面的含义：从广义上讲，广告是指向公众通知某一件事并最终达到广而告之的目的；从狭义上讲，广告主要指营利性的广告，即广告主为了某种特定的需要，通过一定形式的媒介，消耗一定的费用，公开而广泛地向公众传递某种信息并最终从中获利的宣传手段。

广告设计是指通过图像、文字、色彩、版面、图形等视觉元素，结合广告媒体的使用特征构成的艺术表现形式，实现传达广告目的和意图的艺术创意设计。

平面广告的类别主要包括 DM（Direct Mail，又称"快讯商品"）广告、POP（Point of Purchase，又称"店头陈设"）广告、杂志广告、报纸广告、招贴广告、网络广告和户外广告等。广告设计的效果如图 1-1 所示。

图 1-1

1.2.2　书籍设计

书籍是人类思想交流、知识传播、经验宣传、文化积累的重要依托，承载着古今中外的智慧结晶，而书籍设计的艺术领域更是丰富多彩。

　　书籍设计（Book Design）又称书籍装帧设计，是指书籍的整体策划及造型设计。策划和设计过程包含了印前、印中、印后对书的形态与传达效果的分析。书籍设计的内容很多，包括开本、封面、扉页、字体、版面、插图、护封、纸张、印刷、装订和材料的艺术设计，属于平面设计范畴。

　　关于书籍的分类，有多种方法，标准不同，分类也就不同。一般而言，我们按书籍内容涉及的范围来分类，可将书籍分为文学艺术类、少儿动漫类、生活休闲类、人文科学类、科学技术类、经营管理类、医疗教育类等。书籍设计的效果如图 1-2 所示。

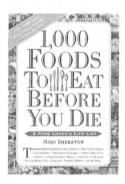

图 1-2

1.2.3　刊物设计

　　作为定期出版物，刊物是指经过装订、带有封面的期刊，同时刊物也是大众类印刷媒体之一。这种媒体形式最早出现在德国，但在当时，期刊与报纸并无太大区别。随着科技发展和生活水平的不断提高，期刊开始与报纸越来越不一样，其内容也将偏重专题、质量、深度，而非时效性。

　　期刊的读者群体有其特定性和固定性，所以，期刊媒体对特定的人群更具有针对性，例如进行专业性较强的行业信息交流。正是由于这种特点，期刊内容的传播效率相对比较精准。同时，由于期刊大多为月刊和半月刊，注重内容质量的打造，所以比报纸的保存时间要长很多。

　　在设计期刊时所依据的规格主要是参照其样本和开本进行版面划分，设计的艺术风格、设计元素和设计色彩都要和刊物本身的定位相呼应。由于期刊一般会选用质量较好的纸张进行印刷，所以，对图片印刷质量都有较高的要求。

　　期刊类媒体分为消费类期刊、专业性期刊、行业性期刊等不同类别。具体包括财经期刊、IT 期刊、动漫期刊、家居期刊、健康期刊、教育期刊、旅游期刊、美食期刊、汽车期刊、人物期刊、时尚期刊、数码期刊等。刊物设计的效果如图 1-3 所示。

图 1-3

1.2.4 包装设计

包装设计是艺术设计与科学技术相结合的应用，是技术、艺术、设计、材料、经济、管理、心理、市场等多功能综合要素的体现，是多学科融会贯通的一门综合学科。

包装设计的广义概念，是指包装的整体策划工程，其主要内容包括包装方法的设计、包装材料的设计、视觉传达设计、包装机械的设计与应用、包装试验、包装成本的设计及包装的管理等。

包装设计的狭义概念，是指选用适合商品的包装材料，运用巧妙的制造工艺手段，为商品进行容器结构功能化设计和形象化视觉造型设计，使之具备整合容纳、保护产品、方便储运、优化形象、传达属性和促进销售等功能。

包装设计按商品内容分类，可以分为日用品包装设计、食品包装设计、烟酒包装设计、化妆品包装设计、医药包装设计、文体包装设计、工艺品包装设计、化学品包装设计、五金家电包装设计、纺织品包装设计、儿童玩具包装设计、土特产包装设计等。包装设计的效果如图 1-4 所示。

图 1-4

1.2.5 网页设计

网页设计是指根据网站所要表达的主旨，将网站信息进行整合归纳后，进行的版面编排和美化设计。网页设计，让网页信息更有条理，页面更具有美感，从而提高网页的信息传达和阅读效率。网页设计者要掌握平面设计的基础理论和设计技巧，熟悉网页配色、网站风格、网页制作技术等网页设计知识，创造出符合项目设计需求的艺术化和人性化的网页。

根据网页的不同属性，可将网页分为商业性网页、综合性网页、娱乐性网页、文化性网页、行业性网页、区域性网页等类型。网页设计的效果如图 1-5 所示。

图 1-5

图 1-5（续）

1.2.6 标志设计

标志是具有象征意义的视觉符号。它借助图形和文字的巧妙设计组合，艺术地传递出某种信息，表达某种特殊的含义。标志设计是指将具体的事物和抽象的精神通过特定的图形和符号固定下来，使人们在看到标志设计的同时，自然地产生联想，从而对企业产生认同。对于一个企业而言，标志渗透到了企业运营的各个环节，例如日常经营活动、广告宣传、对外交流、文化建设等。作为企业的无形资产，它的价值随同企业的增值不断累积。

按功能分类，标志可以分为政府标志、机构标志、城市标志、商业标志、纪念标志、文化标志、环境标志、交通标志等。标志设计的效果如图 1-6 所示。

图 1-6

1.2.7 VI 设计

VI（Visual Identity）即企业视觉识别，是指以建立企业的理念识别为基础，将企业理念、企业使命、企业价值观经营概念变为静态的具体识别符号，并进行具体化、视觉化的传播。企业视觉识别具体指通过各种媒体将企业形象广告、标志、产品包装等有计划地传递给社会公众，树立企业整体统一的识别形象。

VI 是企业文化识别系统中项目最多、层面最广、效果最直接的向社会传递信息的部分，最具有传播力和感染力，也最容易被公众接受，短期内获得的影响也最明显。社会公众可以一目了然地了解企业的信息，产生认同感，进而达到企业识别的目的。成功的 VI 设计能使企业及产品在市场中获得较强的竞争力。

VI 主要由两大部分组成，即基础识别部分和应用识别部分。其中，基础识别部分主要包括企业标志设计、标准字体与印刷专用字体设计、色彩系统设计、辅助图形、品牌角色（吉祥物）等。应用识别部分包括办公系统、标识系统、广告系统、旗帜系统、服饰系统、交通系统、展示系统等。VI 设计效果如图 1-7 所示。

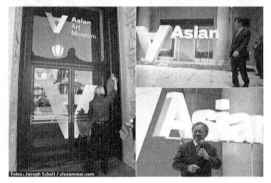

图 1-7

1.2.8 UI 设计

UI 即 User Interface（用户界面）的简称，UI 设计是指对软件的人机交互、操作逻辑、界面美观的整体设计。

UI 设计从早期的专注于工具的技法型表现，到现在要求 UI 设计师参与到整个商业链条，兼顾商业目标和用户体验，可以看出国内的 UI 设计行业发展是跨越式的。UI 设计从设计风格、技术实现到应用领域都发生了巨大的变化。

UI 设计的风格经历了由拟物化到扁平化设计的转变，现在扁平化风格依然为主流，但加入了 Material Design 设计语言（材料设计语言，是由 Google 推出的全新设计语言），使设计更为醒目且细腻。

UI 设计的应用领域已由原先的 PC 端和移动端扩展到可穿戴设备、无人驾驶汽车、AI 机器人等，更为广阔。今后无论技术如何进步，设计风格如何转变，甚至于应用领域如何不同，UI 设计都将参与到产品设计的整个链条中，实现人性化、包容化、多元化的目标。UI 设计效果如图 1-8 所示。

图 1-8

1.2.9　H5 设计

H5 指的是移动端上基于 HTML5 技术的交互动态网页,是用于移动互联网的一种新型营销工具,通过移动平台传播。

H5 具有跨平台、多媒体、强互动以及易传播的特点。H5 的应用形式多样,常见的应用领域有品牌宣传、产品展示、活动推广、知识分享、新闻热点、会议邀请、企业招聘、培训招生等。

H5 可分为营销宣传、知识新闻、游戏互动以及网站应用四个类型。H5 设计效果如图 1-9 所示。

图 1-9

1.3 平面设计的要素

平面设计作品主要包括图形、文字及色彩3个基本要素，这3个基本要素的组合组成了一组完整的平面设计作品。每个要素在平面设计作品中都起到了举足轻重的作用，3个基本要素之间的相互影响和各种不同的变化都会使平面设计作品产生更加丰富的视觉效果。

1.3.1 图形

通常，人们在欣赏一个平面设计作品的时候，首先注意到的是图片，其次是标题，最后才是正文。如果说标题和正文作为符号化的文字受地域和语言背景限制的话，那么图形信息的传递则不受国家、民族、种族语言的限制，它是一种通行于世界的语言，具有广泛的传播性。因此，图形创意策划的选择直接关系到平面设计的成败。图形的设计也是整个设计内容最直观的体现，它最大限度地表现了作品的主题和内涵，效果如图1-10所示。

图 1-10

1.3.2 文字

文字是最基本的信息传递符号。在平面设计工作中，相对于图形而言，文字的设计安排也占有相当重要的地位，是体现内容传播功能最直接的形式。在平面设计作品中，文字的字体造型和构图编排恰当与否都直接影响到作品的诉求效果和视觉表现力，效果如图1-11所示。

图 1-11

1.3.3 色彩

平面设计作品给人的整体感受取决于作品画面的整体色彩。作为平面设计组成的重要因素之一，色彩的色调与搭配受宣传主题、企业形象、推广地域等因素的共同影响。因此，在平面设计中要考虑消费者对颜色的一些固定心理感受以及相关的地域文化，效果如图 1-12 所示。

图 1-12

1.4 平面设计的应用软件

目前在平面设计工作中，经常使用的主流软件有 Adobe Photoshop、Adobe Illustator 和 Adobe InDesign，这 3 款软件每一款都有鲜明的功能特色。要想根据创意制作出完美的平面设计作品，就需要熟练使用这 3 款软件，并很好地利用不同软件的优势，将其巧妙地结合使用。

1.4.1 Adobe Photoshop

Photoshop 是 Adobe 公司出品的最强大的图像处理软件之一，是集编辑修饰、制作处理、创意编排、图像输入与输出于一体的图形图像处理软件，深受平面设计人员、电脑艺术和摄影爱好者的喜爱。通过软件版本升级，Photoshop 功能不断完善，已经成为迄今为止世界上最畅销的图像处理软件。Photoshop 软件启动界面如图 1-13 所示。

图 1-13

Photoshop 的主要功能包括绘制和编辑选区、绘制与修饰图像、绘制图形及路径、调整图像的色彩和色调、图层的应用、文字的使用、通道和蒙版的使用、滤镜及动作的应用。这些功能可以全面地辅助平面设计作品的创作。

适合使用 Photoshop 完成的平面设计任务有图像抠像、图像调色、图像特效、文字特效、插图设计等。

1.4.2　Adobe Illustrator

Illustrator 是 Adobe 公司推出的专业矢量绘图工具，是出版、多媒体和在线图像的工业标准矢量插画软件。Adobe Illustrator 的应用人群主要包括印刷出版线稿的设计者和专业插画家、多媒体图像的艺术家，以及网页或在线内容的制作者。Illustrator 软件启动界面如图 1-14 所示。

图 1-14

Illustrator 的主要功能包括图形的绘制和编辑、路径的绘制与编辑、图像对象的组织、颜色填充与描边编辑、文本的编辑、图表的编辑、图层和蒙版的使用、混合与封套效果的使用、滤镜效果的使用、样式外观与效果的使用。这些功能可以全面地辅助平面设计作品的创作。

适合使用 Illustrator 完成的平面设计任务包括插图设计、标志设计、字体设计、图表设计、单页设计排版、折页设计排版等。

1.4.3　Adobe InDesign

InDesign 是由 Adobe 公司开发的专业排版设计软件，是专业出版方案的新平台。它功能强大、易学易用，能够使读者通过内置的创意工具和精确的排版控制为打印或数字出版物设计出极具吸引力的页面版式，深受版式编排人员和平面设计师的喜爱，已经成为图文排版领域最流行的软件之一。InDesign 软件启动界面如图 1-15 所示。

InDesign 的主要功能包括绘制和编辑图形对象、路径的绘制与编辑、编辑描边与填充、编辑文本、处理图像、版式编排、处理表格与图层、页面编排、编辑书籍和目录。这些功能可以全面地辅助平面设计作品的创意设计与排版制作。

适合使用 InDesign 完成的平面设计任务包括图表设计、单页排版、折页排版、广告设计、报纸设计、杂志设计、书籍设计等。

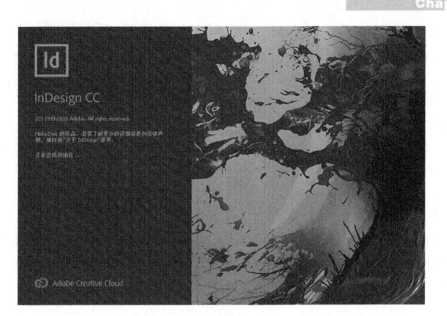

图 1-15

1.5 平面设计的工作流程

平面设计的工作流程是一个有明确目标、有正确理念、有负责态度、有周密计划、有清晰步骤、有具体方法的工作过程。好的设计作品都是在完美的工作流程中产生的。

1.5.1 信息交流

客户提出设计项目的构想和工作要求，并提供项目相关文本和图片资料，包括公司介绍、项目描述、基本要求等。

1.5.2 调研分析

根据客户提出的设计构想和要求，运用客户的相关文本和图片资料，对客户的设计需求进行分析，并对客户同行业或同类型的设计产品进行市场调研。

1.5.3 草稿讨论

根据已经做好的分析和调研，设计师组织设计团队，依据创意构想设计出项目的创意草稿，并制作出样稿。拜访客户，双方就设计的草稿内容进行沟通讨论；就彼此的设想，双方根据需要补充相关资料，达成设计构想上的共识。

1.5.4 签订合同

在双方就设计草稿达成共识后，双方确认设计的具体细节、设计报价和完成时间，签订《设计协议书》，客户支付项目预付款，设计工作正式展开。

1.5.5 提案讨论

设计师团队根据前期的市场调研和客户需求，结合双方草稿讨论的意见，开始设计方案的策划、设计和制作工作。设计师一般要完成 3 个设计方案，提交给客户选择，然后与客户开会讨论提案，客户根据提案作品，提出修改建议。

1.5.6 修改完善

根据提案会议的讨论内容和修改意见，设计师团队对客户基本满意的方案进行修改调整，进一步完善整体设计，并提交客户进行确认；等客户再次反馈意见后，设计师再次对客户提出的细节修改进行更细致的调整，使方案顺利完成。

1.5.7 验收完成

在设计项目完成后，设计师团队和客户一起对完成的设计项目进行验收，并由客户在设计合格确认书上签字。客户按协议书规定支付项目设计余款，设计方将项目制作文件提交客户，整个设计项目执行完成。

1.5.8 后期制作

在设计项目完成后，客户可能需要设计方进行设计项目的印刷包装等后期制作工作。如果设计方承接了后期制作工作，需要和客户签订详细的后期制作合同，并执行好后期的制作工作，给客户提供出满意的印刷和包装成品。

2 Chapter

Illustrator CC

第2章
初识Illustrator CC 2019

本章主要介绍Illustrator CC 2019的工作界面，以及矢量图和位图的概念。此外，还介绍了文件的基本操作和图像的显示效果。通过本章的学习，读者可以了解Illustrator CC 2019的基本功能，为进一步掌握Illustrator CC 2019的操作方法打下坚实的基础。

课堂学习目标

- 了解软件的工作界面和图像的类型
- 掌握文件和图像显示效果的操作方法
- 掌握标尺、参考线和网格的使用方法

2.1 Illustrator CC 2019 工作界面的介绍

Illustrator CC 2019 的工作界面主要由菜单栏、标题栏、工具箱、工具属性栏、控制面板、页面区域、滚动条、泊槽及状态栏等部分组成，如图 2-1 所示。

图 2-1

菜单栏：包括 Illustrator CC 2019 中所有的操作命令，主要有 9 个主菜单，每一个菜单又包括各自的子菜单，通过选择这些命令可以完成基本操作。

标题栏：标题栏左侧是当前运行程序的名称，右侧是控制窗口的按钮。

工具箱：包括 Illustrator CC 2019 中所有的工具，大部分工具还有其展开式工具栏。其中包括与该工具功能相类似的工具，用户可以更方便、快捷地进行绘图与编辑。

工具属性栏：当用户选择工具箱中的一个工具后，会在 Illustrator CC 2019 的工作界面中出现该工具的属性栏。

控制面板：使用控制面板可以快速调出许多设置数值和调节功能的面板，它是 Illustrator CC 2019 中最重要的组件之一。控制面板是可以折叠的，可根据需要分离或组合，非常灵活。

页面区域：在工作界面的中间以黑色实线表示的矩形区域，这个区域的大小就是用户设置的页面大小。

滚动条：当屏幕内不能完全显示出整个文档时，拖曳滚动条可以实现对整个文档的浏览。

泊槽：用来组织和存放控制面板。

状态栏：显示当前文档视图的显示比例，当前正使用的工具、时间和日期等信息。

2.1.1 菜单栏及其快捷方式

熟练地使用菜单栏能够快速有效地绘制和编辑图像，达到事半功倍的效果，下面详细讲解菜单栏。

Illustrator CC 2019 中的菜单栏包含"文件""编辑""对象""文字""选择""效果""视图""窗口""帮助"共 9 个菜单，如图 2-2 所示。每个菜单里又包含相应的子菜单。

文件(F) 编辑(E) 对象(O) 文字(T) 选择(S) 效果(C) 视图(V) 窗口(W) 帮助(H)

图 2-2

每个下拉菜单的左边是命令的名称，在经常使用的命令右边是该命令的快捷键。要执行该命令，可以直接按键盘上的快捷键，这样可以提高操作速度。例如，"选择 > 全部"命令的快捷键为 Ctrl+A。

有些命令的右边有一个向右的黑色箭头"〉"图标，表示该命令还有相应的子菜单，单击，即可弹出其子菜单。有些命令的后面有省略号"…"，表示单击该命令可以弹出相应的对话框，在对话框中可进行更详尽的设置。有些命令呈灰色，表示该命令在当前状态下为不可用，需要选中相应的对象或在合适的设置时，该命令才会变为黑色，呈可用状态。

图 2-3

2.1.2　工具箱

Illustrator CC 2019 的工具箱内包括大量具有强大功能的工具，这些工具可以使用户在绘制和编辑图像的过程中制作出更加精彩的效果。工具箱界面如图 2-3 所示。

工具箱中部分工具按钮的右下角带有一个黑色三角形"◢"，表示该工具还有展开工具组，按住该工具不放，即可弹出展开工具组。如按住文字工具 T，将展开文字工具组，如图 2-4 所示。单击文字工具组右边的黑色三角形，如图 2-5 所示，文字工具组就从工具箱中分离出来，成为一个相对独立的工具栏，如图 2-6 所示。

图 2-4

图 2-5

图 2-6

下面分别介绍各个展开式工具组。

直接选择工具组：包括 2 个工具，直接选择工具和编组选择工具，如图 2-7 所示。

钢笔工具组：包括 4 个工具，钢笔工具、添加锚点工具、删除锚点工具和锚点工具，如图 2-8 所示。

文字工具组：包括 7 个工具，文字工具、区域文字工具、路径文字工具、直排文字工具、直排区域文字工具、直排路径文字工具和修饰文字工具，如图 2-9 所示。

图 2-7　　　　　　　图 2-8　　　　　　　图 2-9

直线段工具组：包括 5 个工具，直线段工具、弧形工具、螺旋线工具、矩形网格工具和极坐标网格工具，如图 2-10 所示。

矩形工具组：包括 6 个工具，矩形工具、圆角矩形工具、椭圆工具、多边形工具、星形工具和光晕工具，如图 2-11 所示。

画笔工具组：包括 2 个工具，画笔工具和斑点画笔工具，如图 2-12 所示。

铅笔工具组：包括 5 个工具，Shaper 工具、铅笔工具、平滑工具、路径橡皮擦工具和连接工具，如图 2-13 所示。

图 2-10　　　　　图 2-11　　　　　图 2-12　　　　　图 2-13

橡皮擦工具组：包括 3 个工具，橡皮擦工具、剪刀工具和刻刀，如图 2-14 所示。

旋转工具组：包括 2 个工具，旋转工具和镜像工具，如图 2-15 所示。

比例缩放工具组：包括 3 个工具，比例缩放工具、倾斜工具和整形工具，如图 2-16 所示。

宽度工具组：包括 8 个工具，宽度工具、变形工具、旋转扭曲工具、缩拢工具、膨胀工具、扇贝工具、晶格化工具和皱褶工具，如图 2-17 所示。

图 2-14　　　　　图 2-15　　　　　图 2-16　　　　　图 2-17

操控变形工具组：包括 2 个工具，操控变形工具和自由变换工具，如图 2-18 所示。

形状生成器工具组：包括 3 个工具，形状生成器工具、实时上色工具和实时上色选择工具，如图 2-19 所示。

透视网格工具组：包括 2 个工具，透视网格工具和透视选区工具，如图 2-20 所示。

吸管工具组：包括 2 个工具，吸管工具和度量工具，如图 2-21 所示。

图 2-18　　　　　图 2-19　　　　　图 2-20　　　　　图 2-21

符号喷枪工具组：包括 8 个工具，符号喷枪工具、符号移位器工具、符号紧缩器工具、符号缩放器工具、符号旋转器工具、符号着色器工具、符号滤色器工具和符号样式器工具，如图 2-22 所示。

柱形图工具组：包括 9 个工具，柱形图工具、堆积柱形图工具、条形图工具、堆积条形图工具、折线图工具、面积图工具、散点图工具、饼图工具和雷达图工具，如图 2-23 所示。

切片工具组：包括 2 个工具，切片工具和切片选择工具，如图 2-24 所示。

抓手工具组：包括 2 个工具，抓手工具和打印拼贴工具，如图 2-25 所示。

图 2-22　　　　　图 2-23　　　　　图 2-24　　　　　图 2-25

2.1.3　工具属性栏

在 Illustrator CC 2019 的工具属性栏中，用户可以快捷应用与所选对象相关的选项。工具属性栏根据所选工具和对象的不同来显示不同的选项，包括画笔、描边和样式等多个控制面板的功能。选择路径对象的锚点后，工具属性栏如图 2-26 所示。选择"文字"工具 T 后，工具属性栏如图 2-27 所示。

图 2-26

图 2-27

2.1.4　控制面板

Illustrator CC 2019 的控制面板位于工作界面的右侧，它包括许多实用、快捷的工具和命令。随着 Illustrator CC 2019 功能的不断增强，控制面板也在不断改进，越来越合理，为用户绘制和编辑图像带来了更大的便利。

控制面板以组的形式出现，图 2-28 所示是其中的一组控制面板。选中并按住"色板"控制面板的标题不放，如图 2-29 所示，向页面中拖曳，如图 2-30 所示。拖曳到控制面板组外时，释放鼠标左键，将形成独立的控制面板，如图 2-31 所示。

图 2-28　　　　　　　　　图 2-29

图 2-30　　　　　　　　　图 2-31

单击控制面板右上角的折叠为图标按钮 ‹‹ 和展开按钮 ›› 来折叠或展开控制面板，效果如图 2-32 所示。将鼠标指针放置在控制面板右下角，指针变为 ⬉ 图标，单击并按住鼠标左键不放，拖曳鼠标可放大或缩小控制面板。

处理图形图像时，经常需要选择不同的选项和数值，可以通过控制面板直接进行操作。选择"窗口"菜单中的各个命令可以显示或隐藏控制面板，这样可省去反复选择命令或关闭窗口的麻烦。控制面板为设置数值和修改命令提供了一个方便、快捷的平台，使软件的交互性更强。

图 2-32

2.1.5 状态栏

状态栏在工作界面的底部，包括 3 个部分。第 1 部分的百分比表示当前文档的显示比例；第 2 部分是画板导航，可在画板间切换；第 3 部分显示当前使用的工具，当前的日期、时间，文件操作的还原次数和文档颜色配置文件等；如图 2-33 所示。

图 2-33

2.2 矢量图和位图

在计算机应用系统中，大致会应用两种图像，即位图图像与矢量图形。在 Illustrator CC 2019 中，不但可以制作出各式各样的矢量图形，还可以导入位图图像进行编辑。

位图图像也叫点阵图像，如图 2-34 所示，它是由许多单独的点组成的，这些点又称为像素点，每个像素点都有特定的位置和颜色值，位图图像的显示效果与像素点是紧密联系在一起的，不同排列和着色的像素点在一起组成了一幅色彩丰富的图像。像素点越多，图像的分辨率越高，相应地，图像的文件量也会随之增大。

Illustrator CC 2019 可以对位图进行编辑，除了可以使用变形工具对位图进行变形处理外，还可以通过复制工具，在画面上复制出相同的位图，制作更完美的作品。位图图像的优点是色彩丰富；不足之处是文件量太大，而且在放大图像时会失真，图像边缘会出现锯齿，模糊不清。

矢量图形也叫向量图形，如图 2-35 所示，它是一种基于数学方法的绘图方式。矢量图形中的各种图形元素称为对象，每一个对象都是独立的个体，都具有大小、颜色、形状和轮廓等特性。在移动和改变它们的属性时，可以保持对象原有的清晰度和弯曲度。矢量图形是由一条条直线或曲线构成的，在填充颜色时，会按照指定的颜色沿曲线的轮廓边缘进行着色。

图 2-34

图 2-35

　　矢量图形的优点是文件量较小，显示效果与分辨率无关，因此缩放图形时，对象会保持原有的清晰度及弯曲度，颜色和外观形状也都不会发生任何偏差和变形，不会产生失真的现象。不足之处是矢量图形不易制作色调丰富的图像，绘制出来的图形无法像位图图像那样精确地描绘各种绚丽的景象。

2.3　文件的基本操作

　　在设计和制作平面设计作品前，需要掌握一些基本的文件操作方法。下面将介绍新建、打开、保存和关闭文件的基本方法。

2.3.1　新建文件

　　选择"文件 > 新建"命令（组合键为 Ctrl+N），弹出"新建文档"对话框，用户可根据需要单击上方的类别选项卡，选择需要的预设新建文档，如图 2-36 所示。在右侧的"预设详细信息"选项中修改图像的名称、宽度和高度、分辨率和颜色模式等预设数值。设置完成后，单击"创建"按钮，即可建立一个新的文档。

图 2-36

　　"名称"选项：可以在选项中输入新建文件的名称，默认状态下为"未标题 – 1"。

　　"宽度"和"高度"选项：用于设置文件的宽度和高度的数值。

　　"单位"选项：用于设置文件所采用的单位，默认状态下为"毫米"。

　　"方向"选项：用于设置新建页面竖向或横向排列。

　　"画板"选项：可以设置页面中画板的数量。

　　"出血"选项：用于设置页面上、下、左、右的出血值。默认状态下，右侧为锁定 ⊘ 状态，可同时设置出血值；单击右侧的按钮，使其处于解锁状态 ⊘，可单独设置出血值。

　　单击"高级选项"左侧的箭头按钮 ，可以展开高级选项，如图 2-37 所示。

　　"颜色模式"选项：用于设置新建文件的颜色模式。

　　"光栅效果"选项：用于设置文件的栅格效果。

　　"预览模式"选项：用于设置文件的预览模式。

　　单击 更多设置 按钮，弹出"更多设置"对话框，如图 2-38 所示。

图 2-37   图 2-38

2.3.2 打开文件

选择"文件 > 打开"命令（组合键为 Ctrl+O），弹出"打开"对话框，如图 2-39 所示。在"打开"对话框中搜索路径和要打开的文件，确认文件类型和名称，单击"打开"按钮，即可打开选择的文件。

2.3.3 保存文件

当用户第一次保存文件时，选择"文件 > 存储"命令（组合键为 Ctrl+S），弹出"存储为"对话框，如图 2-40 所示，在对话框中输入要保存文件的名称，设置保存文件的路径、类型。设置完成后，单击"保存"按钮，即可保存文件。

图 2-39   图 2-40

当用户对图形文件进行各种编辑操作并保存后，再选择"存储"命令时，则不会弹出"存储为"对话框，计算机直接保留最终确认的结果，并覆盖原文件。因此，在未确定要放弃原始文件之前，应慎用此命令。

若既要保留修改过的文件，又不想放弃原文件，则可以用"存储为"命令。选择"文件 > 存储为"命令（组合键为 Shift+Ctrl+S），弹出"存储为"对话框，在这个对话框中，可以为修改过的文件重新命名，并设置文件的路径和类型。设置完成后，单击"保存"按钮，原文件依旧保留不变，修改过的文件被另存为一个新的文件。

2.3.4 关闭文件

选择"文件 > 关闭"命令（组合键为 Ctrl+W），如图 2-41 所示，可将当前文件关闭。"关闭"命令只有在文件被打开时才呈现为可用状态。也可单击绘图窗口右上角的按钮区来关闭文件。若当前文件被修改过或是新建的文件，那么在关闭文件时系统会弹出一个提示框，如图 2-42 所示。单击"是"按钮即可先保存再关闭文件，单击"否"按钮即不保存文件的更改而直接关闭文件，单击"取消"按钮即取消关闭文件的操作。

图 2-41   图 2-42

2.4 图像的显示效果

在使用 Illustrator CC 2019 绘制和编辑图形图像的过程中，用户可以根据需要随时调整图形图像的显示模式和显示比例，以便对所绘制和编辑的图形图像进行观察和操作。

2.4.1 选择视图模式

Illustrator CC 2019 包括 6 种视图模式，即"CPU 预览""轮廓""GPU 预览""叠印预览""像素预览""裁切视图"，绘制图像的时候，可根据不同的需要选择不同的视图模式。

"CPU 预览"模式是系统默认的模式，图像显示效果如图 2-43 所示。

"轮廓"模式隐藏了图像的颜色信息，用线框轮廓来表现图像。这样在绘制图像时就有很高的灵活性，用户可以根据需要，单独查看轮廓线，极大地节省了图像运算的速度，提高了工作效率。"轮廓"模式的图像显示效果如图 2-44 所示。如果当前图像为其他模式，选择"视图 > 轮廓"命令（组合键为 Ctrl+Y），将切换到"轮廓"模式，再选择"视图 > 在 CPU 上预览"命令（组合键为 Ctrl+Y），将切换到"CPU 预览"模式，可以预览彩色图稿。

"GPU 预览"模式，可以在屏幕分辨率的高度或宽度大于 2000 像素时，按轮廓查看图稿。此模式下，轮廓的路径显示会更平滑，且可以缩短重新绘制图稿的时间。如果当前图像为其他模式，选择"视图 > GPU 预览"命令（组合键为 Ctrl+E），将切换到"GPU 预览"模式。

"叠印预览"模式可以显示接近油墨混合的效果，如图 2-45 所示。如果当前图像为其他模式，选择"视图 > 叠印预览"命令（组合键为 Alt+Shift+Ctrl+Y），将切换到"叠印预览"模式。

"像素预览"模式可以将绘制的矢量图像转换为位图显示，这样可以有效控制图像的精确度和尺寸等。转换后的图像在放大时会看见排列在一起的像素点，如图 2-46 所示。如果当前图像为其他模式，选择"视图 > 像素预览"命令（组合键为 Alt+Ctrl+Y），将切换到"像素预览"模式。

图 2-43   图 2-44   图 2-45   图 2-46

"裁切视图"模式可以剪除画板边缘以外的图稿，并隐藏画布上的所有非打印对象，如网格、参考线等。选择"视图 > 裁切视图"命令，将切换到"裁切视图"模式。

2.4.2 适合窗口大小显示图像

绘制图像时，可以选择"适合窗口大小"命令来显示图像，这时图像就会最大限度地显示在工作界面中并保持其完整性。

选择"视图 > 画板适合窗口大小"命令（组合键为 Ctrl+0），图像显示的效果如图 2-47 所示。也可以双击"抓手"工具 🖐️，将图像调整为适合窗口显示的大小。

选择"视图 > 全部适合窗口大小"命令（组合键为 Alt+Ctrl+0），可以查看窗口中的所有画板内容。

2.4.3 显示图像的实际大小

选择"实际大小"命令可以将图像按 100% 的效果显示，在此状态下可以对文件进行精确的编辑。

选择"视图 > 实际大小"命令（组合键为 Ctrl+1），图像显示的效果如图 2-48 所示。

图 2-47

图 2-48

2.4.4 放大显示图像

选择"视图 > 放大"命令（组合键为 Ctrl+ +），每选择一次"放大"命令，页面内的图像就会被放大一级。例如，图像以 100% 的比例显示在屏幕上，选择"放大"命令一次，则变成 150%，再选择一次，则变成 200%，放大的效果如图 2-49 所示。

使用缩放工具也可放大显示图像。选择"缩放"工具 🔍，在页面中鼠标指针会自动变为放大镜 🔍图标，每单击一次鼠标左键，图像就会放大一级。例如，图像以 100% 的比例显示在屏幕上，单击鼠标左键一次，则变成 150%，放大的效果如图 2-50 所示。

图 2-49

图 2-50

若要放大图像的局部区域，则首先选择"缩放"工具 🔍，然后把放大镜 ⊕ 图标定位在要放大的区域外，按住鼠标左键并拖曳鼠标指针画出矩形框圈选所需的区域，如图 2-51 所示，然后释放鼠标左键，这个区域就会放大显示并填满图像窗口，如图 2-52 所示。

图 2-51　　　　　　　　　　　　　　　　　图 2-52

　提 示

如果当前正在使用其他工具，要想切换到放大工具，按住 Ctrl+Space（空格）组合键即可。

使用状态栏也可放大显示图像。在状态栏中的百分比数值框 100% 中直接输入需要放大的百分比数值，按 Enter 键即可执行放大操作。

还可使用"导航器"控制面板放大显示图像。单击面板右侧的"放大"按钮 ▲，可逐级放大图像，如图 2-53 所示。在百分比数值框中直接输入数值后，按 Enter 键也可以将图像放大，如图 2-54 所示。单击百分比数值框右侧的按钮 ∨，在弹出的下拉列表中可以选择缩放比例。

图 2-53　　　　　　　　　　　　　图 2-54

2.4.5　缩小显示图像

选择"视图 > 缩小"命令，每选择一次"缩小"命令，页面内的图像就会被缩小一级（也可连续按 Ctrl+ - 组合键），效果如图 2-55 所示。

使用缩小工具可缩小显示图像。选择"缩放"工具 🔍，在页面中鼠标指针会自动变为放大镜 ⊕ 图标，按住 Alt 键，则屏幕上的图标变为缩小工具 ⊖ 图标。按住 Alt 键不放，单击图像一次，图像就会缩小一级。

使用状态栏也可缩小显示图像。在状态栏中的百分比数值框 100% 中直接输入需要缩小的百分比数值，按 Enter 键即可执行缩小操作。

还可使用"导航器"控制面板缩小显示图像。单击面板左侧的"缩小"按钮 ▲ ，可逐级缩小图像。在百分比数值框中直接输入数值后，按 Enter 键也可以将图像缩小。单击百分比数值框右侧的按钮 ∨ ，在弹出的下拉列表中可以选择缩放比例。

图 2-55

 提示

如果当前正在使用其他工具，要想切换到缩小工具，按住 Alt+Ctrl+Space（空格）组合键即可。

2.4.6 全屏显示图像

全屏显示图像可以有助于用户更好地观察图像的完整效果。

单击工具箱下方的"更改屏幕模式"按钮 ▭ ，可以在 3 种模式之间相互转换，即正常屏幕模式、带有菜单栏的全屏模式和全屏模式。反复按 F 键，也可切换屏幕显示模式。

正常屏幕模式：如图 2-56 所示，这种屏幕显示模式包括菜单栏、标题栏、工具箱、工具属性栏、控制面板和状态栏。

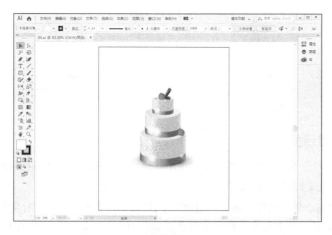

图 2-56

带有菜单栏的全屏模式：如图 2-57 所示，这种屏幕显示模式包括菜单栏、工具箱、工具属性栏和控制面板。

图 2-57

全屏模式：如图 2-58 所示，这种屏幕只显示页面。按 Tab 键，可以调出菜单栏、工具箱、工具属性栏和控制面板。

图 2-58

按 Shift+F 组合键，可以切换至演示文稿模式（图稿作为演示文稿显示），如图 2-59 所示。

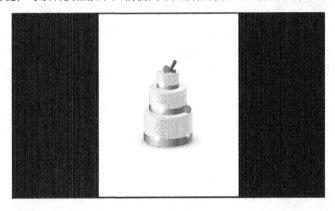

图 2-59

2.4.7　图像窗口显示

当用户打开多个文件时，屏幕会出现多个图像文件窗口，这就需要对窗口进行布置和摆放。

同时打开多幅图像，效果如图 2-60 所示。选择"窗口 > 排列 > 全部在窗口中浮动"命令，图像都浮动排列在界面中，如图 2-61 所示。此时，可对图像进行层叠、平铺的操作。

图 2-60

图 2-61

选择"窗口 > 排列 > 平铺"命令，图像的排列效果如图 2-62 所示。选择"窗口 > 排列 > 层叠"命令，图像的排列效果如图 2-63 所示。选择"合并所有窗口"命令，可将所有图像再次合并到选项卡中。

图 2-62

图 2-63

2.4.8　观察放大图像

选择"缩放"工具 🔍，当页面中鼠标指针变为放大镜 ⊕ 图标后，放大图像，图像周围会出现滚动条。选择"抓手"工具 ✋，当图像中鼠标指针变为手形 ✋ 图标时，按住鼠标左键在放大的图像中拖曳鼠标指针，可以观察图像的每个部分，如图 2-64 所示。还可直接拖曳图像周围的水平或垂直滚动条，以观察图像的每个部分，效果如图 2-65 所示。

图 2-64

图 2-65

提示

如果正在使用其他的工具进行操作，按住 Space（空格）键，可以转换为手形🤚工具。

2.5 标尺、参考线和网格的使用

Illustrator CC 2019 提供了标尺、参考线和网格等工具，利用这些工具用户可以对所绘制和编辑的图形图像进行精确定位，还可测量图形图像的准确尺寸。

2.5.1 标尺

选择"视图 > 标尺 > 显示标尺"命令（组合键为 Ctrl+R），显示出标尺，效果如图 2-66 所示。如果要将标尺隐藏，可以选择"视图 > 标尺 > 隐藏标尺"命令（组合键为 Ctrl+R），将标尺隐藏。

如果需要设置标尺的显示单位，选择"编辑 > 首选项 > 单位"命令，弹出"首选项"对话框，如图 2-67 所示，可以在"常规"选项的下拉列表中设置标尺的显示单位。

图 2-66

图 2-67

如果仅需要对当前文件设置标尺的显示单位，选择"文件 > 文档设置"命令，弹出"文档设置"对话框，如图 2-68 所示，可以在"单位"选项的下拉列表中设置标尺的显示单位。这种方法设置的标尺单位对以后新建立的文件标尺单位不起作用。

在系统默认的状态下，标尺的坐标原点在工作页面的左下角，如果想要更改坐标原点的位置，单击水平标尺与垂直标尺的交点并拖曳到页面中，释放鼠标，即可将坐标原点设置在此处。如果想要恢复标尺原点的默认位置，双击水平标尺与垂直标尺的交点即可。

2.5.2 参考线

如果想要添加参考线，可以在水平或垂直标尺上向页面中拖曳参考线，还可根据需要将图形或路径转换为参考线。

选中要转换的路径，如图 2-69 所示，选择"视图 > 参考线 > 建立参考线"命令（组合键为

图 2-68

Ctrl+5），将选中的路径转换为参考线，如图 2-70 所示。选择"视图 > 参考线 > 释放参考线"命令（组合键为 Alt+Ctrl+5），可以将选中的参考线转换为路径。

图 2-69　　　　　　　　　　　　图 2-70

 提 示

按住 Shift 键在标尺上双击，创建的参考线会自动与标尺上最接近的刻度对齐。

选择"视图 > 参考线 > 隐藏参考线"命令（组合键为 Ctrl+;），可以隐藏参考线。

选择"视图 > 参考线 > 锁定参考线"命令（组合键为 Alt+Ctrl+;），可以锁定参考线。

选择"视图 > 参考线 > 清除参考线"命令，可以清除参考线。

选择"视图 > 智能参考线"命令（组合键为 Ctrl+U），可以显示智能参考线。当图形移动或旋转到一定角度时，智能参考线就会高亮显示并给出提示信息。

2.5.3　网格

选择"视图 > 显示网格"命令，显示出网格，如图 2-71 所示。选择"视图 > 隐藏网格"命令，将网格隐藏。如果需要设置网格的颜色、样式和间隔等属性，选择"编辑 > 首选项 > 参考线和网格"命令，弹出"首选项"对话框，如图 2-72 所示。

图 2-71　　　　　　　　　　　　图 2-72

"颜色"选项：用于设置网格的颜色。

"样式"选项：用于设置网格的样式，包括线和点。

"网格线间隔"选项：用于设置网格线的间距。

"次分隔线"选项：用于细分网格线的多少。

"网格置后"选项：用于设置网格线显示在图形的上方或下方。

"显示像素网格"选项：在"像素预览"模式下，当图形放大到 600% 以上时，显示像素网格。

Illustrator CC

3

第3章
图形的绘制和编辑

本章讲解Illustrator CC 2019中基本图形
工具的使用方法，以及手绘图形工具的修饰方
法，并详细讲解对象的编辑方法。读者通过学习
本章的内容，可以熟悉Illustrator CC 2019的
绘图功能，以及编辑对象的方法，为进一步学习
Illustrator CC 2019打好基础。

课堂学习目标

- 掌握绘制线段、网格和基本图
  形的方法
- 熟练掌握手绘工具的使用方法
- 熟练掌握对象的编辑方法

3.1 绘制线段和网格

在设计制作中，直线和弧线是经常使用的线型。使用"直线段"工具 ✐ 和"弧形"工具 ⌒ 可以创建任意的直线和弧线，对其进行编辑，可以得到更多复杂的图形对象。在设计制作时，还会应用到各种网格，如矩形网格和极坐标网格。下面将详细讲解这些工具的使用方法。

3.1.1 绘制直线

1. 拖曳鼠标绘制直线

选择"直线段"工具 ✐，在页面中需要的位置单击并按住鼠标左键不放，拖曳鼠标指针到需要的位置，释放鼠标左键，绘制出一条任意角度的斜线，效果如图 3-1 所示。

选择"直线段"工具 ✐，按住 Shift 键，在页面中需要的位置单击并按住鼠标左键不放，拖曳鼠标指针到需要的位置，释放鼠标左键，绘制出水平、垂直或 45° 角及其倍数的直线，效果如图 3-2 所示。

选择"直线段"工具 ✐，按住 Alt 键，在页面中需要的位置单击并按住鼠标左键不放，拖曳鼠标指针到需要的位置，释放鼠标左键，绘制出以鼠标单击点为中心的直线（由单击点向两边扩展）。

选择"直线段"工具 ✐，按住 ～ 键，在页面中需要的位置单击并按住鼠标左键不放，拖曳鼠标指针到需要的位置，释放鼠标左键，绘制出多条直线（系统自动设置），效果如图 3-3 所示。

| 图 3-1 | 图 3-2 | 图 3-3 |

2. 精确绘制直线

选择"直线段"工具 ✐，在页面中需要的位置单击鼠标，或双击"直线段"工具 ✐，都将弹出"直线段工具选项"对话框，如图 3-4 所示。在对话框中，"长度"选项用于设置线段的长度，"角度"选项用于设置线段的倾斜度，勾选"线段填色"复选项可以填充直线组成的图形。设置完成后，单击"确定"按钮，得到图 3-5 所示的直线。

| 图 3-4 | 图 3-5 |

3.1.2　绘制弧线

1. 拖曳鼠标指针绘制弧线

选择"弧形"工具 ，在页面中需要的位置单击并按住鼠标左键不放，拖曳鼠标指针到需要的位置，释放鼠标左键，绘制出一段弧线，效果如图 3-6 所示。

选择"弧形"工具 ，按住 Shift 键，在页面中需要的位置单击并按住鼠标左键不放，拖曳鼠标指针到需要的位置，释放鼠标左键，绘制出在水平和垂直方向上长度相等的弧线，效果如图 3-7 所示。

选择"弧形"工具 ，按住 ~ 键，在页面中需要的位置单击并按住鼠标左键不放，拖曳鼠标指针到需要的位置，释放鼠标左键，绘制出多条弧线，效果如图 3-8 所示。

图 3-6　　　　　　　图 3-7　　　　　　　图 3-8

2. 精确绘制弧线

选择"弧形"工具 ，在页面中需要的位置单击鼠标，或双击"弧形"工具 ，都将弹出"弧线段工具选项"对话框，如图 3-9 所示。在对话框中，"X 轴长度"选项用于设置弧线水平方向的长度，"Y 轴长度"选项用于设置弧线垂直方向的长度，"类型"选项用于设置弧线类型，"基线轴"选项用于选择坐标轴，勾选"弧线填色"复选项可以填充弧线。设置完成后，单击"确定"按钮，得到图 3-10 所示的弧形。输入不同的数值，将会得到不同的弧形，效果如图 3-11 所示。

图 3-9　　　　　　　图 3-10　　　　　　　图 3-11

3.1.3　绘制螺旋线

1. 拖曳鼠标指针绘制螺旋线

选择"螺旋线"工具 ，在页面中需要的位置单击并按住鼠标左键不放，拖曳鼠标指针到需要的位置，释放鼠标左键，绘制出螺旋线，如图 3-12 所示。

选择"螺旋线"工具 ，按住 Shift 键，在页面中需要的位置单击并按住鼠标左键不放，拖曳鼠标指针到需要的位置，释放鼠标左键，绘制出螺旋线，绘制的螺旋线转动的角度将是强制角度（默认设置是 45°）的整倍数。

选择"螺旋线"工具 ，按住 ~ 键，在页面中需要的位置单击并按住鼠标左键不放，拖曳鼠标指针到需要的位置，释放鼠标左键，绘制出多条螺旋线，效果如图 3-13 所示。

2. 精确绘制螺旋线

选择"螺旋线"工具 ⊚ ，在页面中需要的位置单击，弹出"螺旋线"对话框，如图 3-14 所示。在对话框中，"半径"选项用于设置螺旋线的半径，螺旋线的半径指的是从螺旋线的中心点到螺旋线终点之间的距离；"衰减"选项用于设置螺旋形内部线条之间的螺旋圈数；"段数"选项用于设置螺旋线的螺旋段数；"样式"单选项按钮用于设置螺旋线的旋转方向。设置完成后，单击"确定"按钮，得到图 3-15 所示的螺旋线。

图 3-12   图 3-13   图 3-14   图 3-15

3.1.4 绘制矩形网格

1. 拖曳鼠标指针绘制矩形网格

选择"矩形网格"工具 ▦ ，在页面中需要的位置单击并按住鼠标左键不放，拖曳鼠标指针到需要的位置，释放鼠标左键，绘制出一个矩形网格，效果如图 3-16 所示。

选择"矩形网格"工具 ▦ ，按住 Shift 键，在页面中需要的位置单击并按住鼠标左键不放，拖曳鼠标指针到需要的位置，释放鼠标左键，绘制出一个正方形网格，效果如图 3-17 所示。

选择"矩形网格"工具 ▦ ，按住 ~ 键，在页面中需要的位置单击并按住鼠标左键不放，拖曳鼠标指针到需要的位置，释放鼠标左键，绘制出多个矩形网格，效果如图 3-18 所示。

图 3-16   图 3-17   图 3-18

 提示

选择"矩形网格"工具 ▦ ，在页面中需要的位置单击并按住鼠标左键不放，拖曳鼠标指针到需要的位置，再按住键盘上"方向"键中的向上移动键，可以增加矩形网格的行数。如果按住键盘上"方向"键中的向下移动键，则可以减少矩形网格的行数。此方法在"极坐标网格"工具 ⊛ 、"多边形"工具 ⬡ 、"星形"工具 ☆ 中同样适用。

2. 精确绘制矩形网格

选择"矩形网格"工具 ▦ ，在页面中需要的位置单击，弹出"矩形网格工具选项"对话框，如图 3-19 所示。在对话框的"默认大小"选项组中，"宽度"选项用于设置矩形网格的宽度，"高度"选项用于设置矩形网格的高度；在"水平分隔线"选项组中，"数量"选项用于设置矩形网格中水平网格线的数量，"下、上方倾斜"选项用于设置水平网格的倾向；在"垂直分隔线"选项组中，"数量"选项用于设置矩形网格中垂直网格线的数量，"左、右方倾斜"选项用于设置垂直网格的倾向。设置完成后，单击"确定"按钮，得到图 3-20 所示的矩形网格。

图 3-19

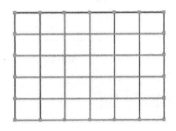
图 3-20

3.1.5　绘制极坐标网格

1. 拖曳鼠标指针绘制极坐标网格

选择"极坐标网格"工具 ⊛ ，在页面中需要的位置单击并按住鼠标左键不放，拖曳鼠标指针到需要的位置，释放鼠标左键，绘制出一个极坐标网格，效果如图 3-21 所示。

选择"极坐标网格"工具 ⊛ ，按住 Shift 键，在页面中需要的位置单击并按住鼠标左键不放，拖曳鼠标指针到需要的位置，释放鼠标左键，绘制出一个圆形极坐标网格，效果如图 3-22 所示。

选择"极坐标网格"工具 ⊛ ，按住 ~ 键，在页面中需要的位置单击并按住鼠标左键不放，拖曳鼠标指针到需要的位置，释放鼠标左键，绘制出多个极坐标网格，效果如图 3-23 所示。

图 3-21　　　　　图 3-22　　　　　图 3-23

2. 精确绘制极坐标网格

选择"极坐标网格"工具 ⊛ ，在页面中需要的位置单击，弹出"极坐标网格工具选项"对话框，如图 3-24 所示。在对话框中的"默认大小"选项组中，"宽度"选项用于设置极坐标网格图形的宽度，"高度"选项用于设置极坐标网格图形的高度；在"同心圆分隔线"选项组中，"数量"选项用于设置极坐标网格图形中同心圆的数量,"内、外倾斜"选项用于设置极坐标网格图形的排列倾向;在"径向分隔线"选项组中,"数量"选项用于设置极坐标网格图形中射线的数量,"下、上方倾斜"选项用于设置极坐标网格图形排列倾向。设置完成后,单击"确定"按钮,得到图3-25所示的极坐标网格。

图 3-24

图 3-25

3.2 绘制基本图形

矩形、圆形、多边形和星形是最简单、最基本,也是最重要的图形。在 Illustrator CC 2019 中,"矩形"工具、"圆角矩形"工具、"椭圆"工具、"多边形"工具和"星形"工具的使用方法比较类似,使用这些工具,用户可以很方便地在绘图页面上通过拖曳鼠标指针绘制出各种圆形,还能够通过设置相应的对话框精确绘制图形。

3.2.1 课堂案例——绘制人物图标

案例学习目标

学习使用基本图形工具绘制人物图标。

案例知识要点

使用"矩形"工具、"变换"控制面板、"多边形"工具、"椭圆"工具和"钢笔"工具绘制人物头发及五官;使用"直接选择"工具调整矩形的锚点;使用"钢笔"工具绘制衣领。人物图标效果如图3-26所示。

效果所在位置

资源包 > Ch03 > 效果 > 绘制人物图标 .ai。

图 3-26

1. 绘制头发及五官

STEP 1 按 Ctrl+N 组合键，弹出"新建文档"对话框，设置文档的宽度为 800 px，高度为 600 px，取向为横向，颜色模式为 RGB，单击"创建"按钮，新建一个文档。

STEP 2 选择"文件 > 置入"命令，弹出"置入"对话框，选择资源包中的 "Ch03 > 素材 > 绘制人物图标 > 01"文件，单击"置入"按钮，在页面中单击置入图片，单击属性栏中的"嵌入"按钮，嵌入图片。选择"选择"工具 ，拖曳线稿图片到适当的位置，效果如图 3-27 所示。按 Ctrl+2 组合键，锁定所选对象。

STEP 3 选择"椭圆"工具 ，按住 Shift 键的同时，沿线稿图外轮廓绘制一个圆形，效果如图 3-28 所示。

图 3-27

图 3-28

STEP 4 选择"矩形"工具 ，在适当的位置绘制一个矩形，如图 3-29 所示。选择"窗口 > 变换"命令，弹出"变换"控制面板，在"矩形属性："选项组中，将"圆角半径"选项设置为 98 px 和 28 px，如图 3-30 所示；按 Enter 键确定操作，效果如图 3-31 所示。

图 3-29

图 3-30

图 3-31

STEP 5 使用"矩形"工具 ，再绘制一个矩形，如图 3-32 所示。在"变换"控制面板中，将"圆角半径"选项设置为 0 px 和 75 px，如图 3-33 所示；按 Enter 键确定操作，效果如图 3-34 所示。

图 3-32

图 3-33

图 3-34

STEP 6 选择"选择"工具 ▶，选取下方圆角图形，按 Ctrl+C 组合键，复制图形，按 Shift+Ctrl+V 组合键，就地粘贴图形，如图 3-35 所示。选择"删除锚点"工具 ✏，分别在不需要的锚点上单击鼠标左键，删除锚点，效果如图 3-36 所示。

图 3-35　　　　　　　　图 3-36

STEP 7 选择"多边形"工具 ⬡，在页面中单击鼠标左键，弹出"多边形"对话框，选项的设置如图 3-37 所示，单击"确定"按钮，出现一个三角形。选择"选择"工具 ▶，拖曳三角形到适当的位置，效果如图 3-38 所示。

STEP 8 选择"选择"工具 ▶，按住 Alt+Shift 组合键的同时，水平向右拖曳三角形到适当的位置，复制三角形，效果如图 3-39 所示。按住 Shift 键的同时，拖曳右上角的控制手柄，等比例缩小图形，效果如图 3-40 所示。

图 3-37　　　　　　图 3-38　　　　　　图 3-39　　　　　　图 3-40

STEP 9 选择"矩形"工具 ▭，在适当的位置绘制一个矩形，如图 3-41 所示。在"变换"控制面板中，将"圆角半径"选项均设置为 3 px，如图 3-42 所示，按 Enter 键确定操作，效果如图 3-43 所示。

图 3-41　　　　　　　　图 3-42　　　　　　　　图 3-43

STEP 10 选择"椭圆"工具 ⬭，按住 Shift 键的同时，在适当的位置绘制一个圆形，如图 3-44 所示。按 Ctrl+C 组合键，复制圆形，按 Ctrl+F 组合键，将复制的圆形粘贴在前面。选择"选择"工具 ▶，按住 Shift 键的同时，向上拖曳圆形中间的控制手柄到适当的位置，调整其大小，效果如图 3-45 所示。

图 3-44   图 3-45

STEP 11 用相同的方法再复制一个圆形，调整其大小和位置，效果如图 3-46 所示。选择"选择"工具 ▶，按住 Shift 键的同时，依次单击同时选取所绘制图形，如图 3-47 所示。按住 Alt+Shift 组合键的同时，水平向右拖曳图形到适当的位置，复制图形，效果如图 3-48 所示。

图 3-46   图 3-47   图 3-48

STEP 12 选择"选择"工具 ▶，选取左侧的圆形，如图 3-49 所示。按住 Alt+Shift 组合键的同时，水平向左拖曳圆形到适当的位置，复制圆形，效果如图 3-50 所示。用相同的方法水平向右再复制一个圆形，效果如图 3-51 所示。

图 3-49   图 3-50   图 3-51

STEP 13 选择"椭圆"工具 ⬭，在适当的位置绘制一个椭圆形，效果如图 3-52 所示。按住 Alt+Shift 组合键的同时，水平向右拖曳椭圆形到适当的位置，复制椭圆形，效果如图 3-53 所示。

图 3-52   图 3-53

STEP 14 选择"钢笔"工具 🖊，在适当的位置绘制一条曲线，如图 3-54 所示。选择"窗口 >描边"命令，弹出"描边"控制面板，单击"端点"选项中的"圆头端点"按钮 ⬭，其他选项的设置如图 3-55 所示，按 Enter 键确定操作，效果如图 3-56 所示。

图 3-54　　　　　　　　　　　图 3-55　　　　　　　　　　　图 3-56

STEP 15 选择"椭圆"工具 ⬭，在适当的位置绘制一个椭圆形，效果如图 3-57 所示。选择"直接选择"工具 ▷，单击选取椭圆形上方的锚点，如图 3-58 所示。按 Delete 键将其删除，效果如图 3-59 所示。

图 3-57　　　　　　　　　　　图 3-58　　　　　　　　　　　图 3-59

STEP 16 保持路径选取状态，按 Ctrl+J 组合键，连接所选路径，如图 3-60 所示。选择"直接选择"工具 ▷，向内拖曳左下角的边角构件，如图 3-61 所示，松开鼠标，效果如图 3-62 所示。

图 3-60　　　　　　　　　　　图 3-61　　　　　　　　　　　图 3-62

STEP 17 选择"椭圆"工具 ⬭ 和"矩形"工具 ▢，在适当的位置分别绘制椭圆形和矩形，如图 3-63 所示。选择"选择"工具 ▶，选取下方半圆形，按 Shift+Ctrl+] 组合键，将其置于顶层，按住 Shift 键的同时，依次单击同时选取所绘制图形，如图 3-64 所示。按 Ctrl+7 组合键，建立剪切蒙版，效果如图 3-65 所示。填充图形描边为黑色，效果如图 3-66 所示。

图 3-63　　　　　　　　图 3-64　　　　　　　　图 3-65　　　　　　　　图 3-66

2. 绘制颈项和衣服

STEP 选择"矩形"工具 ▢ ，在适当的位置绘制一个矩形，如图 3-67 所示。在"变换"控制面板中，将"圆角半径"选项设为 0 px 和 40 px，如图 3-68 所示；按 Enter 键确定操作，效果如图 3-69 所示。

绘制颈项和衣服

图 3-67 　　　　　　　　　图 3-68 　　　　　　　　　图 3-69

STEP 选择"直接选择"工具 ▷ ，选中圆角矩形下方左侧的锚点，如图 3-70 所示。在属性栏中单击"将所选锚点转换为尖角"按钮 ▷ ，将平滑锚点转换为尖角锚点，如图 3-71 所示。选中右侧的锚点，如图 3-72 所示，在属性栏中单击"删除所选锚点"按钮 ✎ ，删除不需要的锚点，如图 3-73 所示。

图 3-70 　　　　　　　图 3-71 　　　　　　　图 3-72 　　　　　　　图 3-73

STEP 选择"椭圆"工具 ◯ ，按住 Shift 键的同时，在适当的位置绘制一个圆形，效果如图 3-74 所示。选择"矩形"工具 ▢ ，在适当的位置绘制一个矩形，如图 3-75 所示。在"变换"控制面板中，将"圆角半径"选项设为 46 px 和 0 px，如图 3-76 所示；按 Enter 键确定操作，效果如图 3-77 所示。

图 3-74 　　　　　　　图 3-75 　　　　　　　　　图 3-76 　　　　　　　图 3-77

STEP 选择"钢笔"工具 ✎ ，在适当的位置沿衣领轮廓勾勒出一个不规则图形，如图 3-78 所示。选择"选择"工具 ▶ ，选取图形，按 Ctrl+C 组合键，复制图形，按 Ctrl+B 组合键，将复制的图形粘贴在当前图层后面。按↓方向键，微调复制的图形到适当的位置，效果如图 3-79 所示。

图 3-78   图 3-79

STEP **5** 选择"选择"工具 ，选取大圆形，设置填充色为浅黄色（其 R、G、B 的值分别为 255、244、190），填充图形，并设置描边色为无，效果如图 3-80 所示。

STEP **6** 选择"选择"工具 ，选取圆角矩形，设置填充色为浅棕色（其 R、G、B 的值分别为 107、77、71），填充图形，并设置描边色为无，效果如图 3-81 所示。用相同的方法分别选取需要的图形，并填充相应的颜色，效果如图 3-82 所示。

图 3-80   图 3-81   图 3-82

STEP **7** 选择"选择"工具 ，按住 Shift 键的同时，选取人物耳朵图形，连续按 Ctrl+［组合键，将图形向后面图层移至适当的位置，效果如图 3-83 所示。用相同的方法分别调整其他图形顺序，效果如图 3-84 所示。人物图标绘制完成。

图 3-83   图 3-84

3.2.2 绘制矩形和圆角矩形

1. 使用鼠标指针绘制矩形

选择"矩形"工具 ，在页面中需要的位置单击并按住鼠标左键不放，拖曳鼠标指针到需要的位置，释放鼠标左键，绘制出一个矩形，效果如图 3-85 所示。

选择"矩形"工具 ，按住 Shift 键，在页面中需要的位置单击并按住鼠标左键不放，拖曳鼠标指针到需要的位置，释放鼠标左键，绘制出一个正方形，效果如图 3-86 所示。

选择"矩形"工具 ，按住 ~ 键，在页面中需要的位置单击并按住鼠标左键不放，拖曳鼠标指针到需要的位置，释放鼠标左键，绘制出多个矩形，效果如图 3-87 所示。

图 3-85　　　　　图 3-86　　　　　图 3-87

2. 精确绘制矩形

选择"矩形"工具 ▢，在页面中需要的位置单击，弹出"矩形"对话框，如图 3-88 所示。在对话框中，"宽度"选项用于设置矩形的宽度，"高度"选项用于设置矩形的高度。设置完成后，单击"确定"按钮，得到图 3-89 所示的矩形。

图 3-88　　　　　　　图 3-89

3. 使用鼠标指针绘制圆角矩形

选择"圆角矩形"工具 ▢，在页面中需要的位置单击并按住鼠标左键不放，拖曳鼠标指针到需要的位置，释放鼠标左键，绘制出一个圆角矩形，效果如图 3-90 所示。

选择"圆角矩形"工具 ▢，按住 Shift 键，在页面中需要的位置单击并按住鼠标左键不放，拖曳鼠标指针到需要的位置，释放鼠标左键，可以绘制一个宽度和高度相等的圆角矩形，效果如图 3-91 所示。

选择"圆角矩形"工具 ▢，按住 ~ 键，在页面中需要的位置单击并按住鼠标左键不放，拖曳鼠标指针到需要的位置，释放鼠标左键，绘制出多个圆角矩形，效果如图 3-92 所示。

图 3-90　　　　　　图 3-91　　　　　　图 3-92

4. 精确绘制圆角矩形

选择"圆角矩形"工具 ，在页面中需要的位置单击，弹出"圆角矩形"对话框，如图 3-93 所示。在对话框中，"宽度"选项用于设置圆角矩形的宽度，"高度"选项用于设置圆角矩形的高度，"圆角半径"选项用于控制圆角矩形中圆角半径的长度。设置完成后，单击"确定"按钮，得到图 3-94 所示的圆角矩形。

图 3-93   图 3-94

5. 使用"变换"控制面板制作实时转角

选择"选择"工具 ，选取绘制好的矩形。选择"窗口 > 变换"命令（组合键为 Shift+F8），弹出"变换"控制面板，如图 3-95 所示。

在"矩形属性"选项组中，"边角类型"按钮 用于设置边角的转角类型，包括"圆角""反向圆角"和"倒角"；"圆角半径"选项 用于输入圆角半径值；单击 按钮可以链接圆角半径，同时设置圆角半径值；单击 按钮可以取消圆角半径的链接，分别设置圆角半径值。

单击 按钮，其他选项的设置如图 3-96 所示，按 Enter 键，得到图 3-97 所示的效果。单击 按钮，其他选项的设置如图 3-98 所示；按 Enter 键，得到图 3-99 所示的效果。

图 3-95   图 3-96   图 3-98

图 3-97   图 3-99

6. 使用直接拖曳制作实时转角

选择"选择"工具 ，选取绘制好的矩形。上、下、左、右 4 个边角构件处于可编辑状态，如图 3-100 所示；向内拖曳其中任意一个边角构件，如图 3-101 所示；可对矩形角进行变形，松开鼠标，如图 3-102 所示。

提示

选择"视图 > 隐藏边角构件"命令，可以隐藏边角构件。选择"视图 > 显示边角构件"命令，显示出边角构件。

图 3-100　　　　　　　　　　图 3-101　　　　　　　　　　图 3-102

当鼠标指针移动到任意一个实心边角构件上时，指针变为"▶⌒"，如图 3-103 所示；单击鼠标左键将实心边角构件变为空心边角构件，指针变为"▶⌒"，如图 3-104 所示；拖曳使选取的边角单独进行变形，如图 3-105 所示。

图 3-103　　　　　　　　　　图 3-104　　　　　　　　　　图 3-105

按住 Alt 键的同时，单击任意一个边角构件，或在拖曳边角构件的同时，按↑键或↓键，可在 3 种边角中交替转换，如图 3-106 所示。

按住 Ctrl 键的同时，双击其中一个边角构件，弹出"边角"对话框，如图 3-107 所示，可以设置边角样式、边角半径和圆角类型。

图 3-106　　　　　　　　　　　图 3-107

提 示

将边角构件拖曳至最大值时，圆角预览呈红色，为不可编辑状态。

3.2.3　绘制椭圆形和圆形

1. 使用鼠标指针绘制椭圆形

选择"椭圆"工具 ◯，在页面中需要的位置单击并按住鼠标左键不放，拖曳鼠标指针到需要的位置，释放鼠标左键，绘制出一个椭圆形，如图 3-108 所示。

选择"椭圆"工具 ◯，按住 Shift 键，在页面中需要的位置单击并按住鼠标左键不放，拖曳鼠标指针到需要的位置，释放鼠标左键，绘制出一个圆形，效果如图 3-109 所示。

选择"椭圆"工具 ◯，按住 ~ 键，在页面中需要的位置单击并按住鼠标左键不放，拖曳鼠标指针到需要的位置，释放鼠标左键，可以绘制多个椭圆形，效果如图 3-110 所示。

图 3-108　　　　　　　图 3-109　　　　　　　图 3-110

2. 精确绘制椭圆形

选择"椭圆"工具 ◯ ，在页面中需要的位置单击，弹出"椭圆"对话框，如图 3-111 所示。在对话框中，"宽度"选项用于设置椭圆形的宽度，"高度"选项用于设置椭圆形的高度。设置完成后，单击"确定"按钮，得到图 3-112 所示的椭圆形。

图 3-111　　　　　　　　　　图 3-112

3. 使用"变换"控制面板制作饼图

选择"选择"工具 ▶ ，选取绘制好的椭圆形。选择"窗口 > 变换"命令（组合键为 Shift+F8），弹出"变换"控制面板，如图 3-113 所示。

在"椭圆属性"选项组中，"饼图起点角度"选项 ⌣ 0° ∨ 用于设置饼图的起点角度；"饼图终点角度"选项 0° ∨ ⌣ 用于设置饼图的终点角度；单击 ⫯ 按钮，可以链接饼图的起点角度和终点角度，同时进行设置；单击 ⫯ 按钮，可以取消链接饼图的起点角度和终点角度，分别进行设置；单击"反转饼图"按钮 ⇄ ，可以互换饼图起点角度和饼图终点角度。

将"饼图起点角度"选项 ⌣ 0° ∨ 设置为 45°，效果如图 3-114 所示；将此选项设置为 180°，效果如图 3-115 所示。

图 3-113　　　　　　　　图 3-114　　　　　　　　图 3-115

将"饼图终点角度"选项 0° ∨ ⌣ 设置为 45°，效果如图 3-116 所示；将此选项设置为 180°，效果如图 3-117 所示。

图 3-116　　　　　　　　　　图 3-117

将"饼图起点角度"选项 🐮 0° ∨ 设置为 60°，"饼图终点角度"选项 0° ∨ 🐮设置为 30°，如图 3-118 所示。单击"反转饼图"按钮 ⇄，将饼图的起点角度和终点角度互换，效果如图 3-119 所示。

图 3-118　　　　　　　　　　图 3-119

4. 使用直接拖曳制作饼图

选择"选择"工具 ▶，选取绘制好的椭圆形。将鼠标指针放置在饼图构件上，指针变为 ▶ 图标，如图 3-120 所示，向上拖曳饼图构件，可以改变饼图起点角度，如图 3-121 所示。向下拖曳饼图构件，可以改变饼图终点角度，如图 3-122 所示。

图 3-120　　　　　　　　图 3-121　　　　　　　　图 3-122

5. 使用直接选择工具调整饼图转角

选择"直接选择"工具 ▷，选取绘制好的饼图，边角构件处于可编辑状态，如图 3-123 所示；向内拖曳其中任意一个边角构件，如图 3-124 所示；对饼图角进行变形，松开鼠标，效果如图 3-125 所示。

图 3-123　　　　　　　　图 3-124　　　　　　　　图 3-125

当鼠标指针移动到任意一个实心边角构件上时，指针变为"▷," 图标，如图 3-126 所示；单击鼠标左键将实心边角构件变为空心边角构件，指针变为"▷." 图标，如图 3-127 所示；拖曳使选取的饼图角单独进行变形，松开鼠标后，效果如图 3-128 所示。

图 3-126   图 3-127   图 3-128

按住 Alt 键的同时，单击任意一个边角构件，或在拖曳边角构件的同时，按↑键或↓键，可在 3 种边角中交替转换，如图 3-129 所示。

图 3-129

双击任意一个边角构件，弹出"边角"对话框，可以设置边角样式、边角半径和圆角类型。

3.2.4 绘制多边形

1. 使用鼠标指针绘制多边形

选择"多边形"工具 ◎，在页面中需要的位置单击并按住鼠标左键不放，拖曳鼠标指针到需要的位置，释放鼠标左键，绘制出一个任意角度的正多边形，效果如图 3-130 所示。

选择"多边形"工具 ◎，按住 Shift 键，在页面中需要的位置单击并按住鼠标左键不放，拖曳鼠标指针到需要的位置，释放鼠标左键，绘制出一个无角度的正多边形，效果如图 3-131 所示。

选择"多边形"工具 ◎，按住 ~ 键，在页面中需要的位置单击并按住鼠标左键不放，拖曳鼠标指针到需要的位置，释放鼠标左键，绘制出多个多边形，效果如图 3-132 所示。

图 3-130   图 3-131   图 3-132

2. 精确绘制多边形

选择"多边形"工具 ◎，在页面中需要的位置单击，弹出"多边形"对话框，如图 3-133 所示。在对话框中，"半径"选项用于设置多边形的半径，半径指的是从多边形中心点到多边形顶点的距离，而中心点一般为多边形的重心；"边数"选项用于设置多边形的边数。设置完成后，单击"确定"按钮，得到图 3-134 所示的多边形。

图 3-133   图 3-134

3. 使用直接拖曳增加或减少多边形边数

选择"选择"工具 ▶，选取绘制好的多边形，将鼠标指针放置在多边形构件 上，指针变为 图标，如图 3-135 所示，向上拖曳多边形构件，可以减少多边形的边数，如图 3-136 所示。向下拖曳多边形构件，可以增加多边形的边数，如图 3-137 所示。

图 3-135   图 3-136   图 3-137

多边形的"边数"取值范围为 3 ~ 11，最少边数为 3，最多边数为 11。

4. 使用"变换"控制面板制作实时转角

选择"选择"工具 ▶，选取绘制好的正六边形，选择"窗口 > 变换"命令（组合键为 Shift+F8），弹出"变换"控制面板，如图 3-138 所示。

在"多边形属性"选项组中，"多边形边数计算"选项 用于设置多边形的边数；"边角类型"选项 用于选取任意角的转角类型；"圆角半径"选项 用于设置多边形各个圆角的半径；"多边形半径"选项 用于设置多边形的半径；"多边形边长度"选项 用于设置多边形每一条边的长度。

"多边形边数计算"选项的取值范围为 3 ~ 20，当数值为 3 时，效果如图 3-139 所示；当数值为 20 时，效果如图 3-140 所示。

图 3-138   图 3-139   图 3-140

"边角类型"选项 �️，包括"圆角""反向圆角""倒角"，效果如图 3-141 所示。

圆角　　　　　　　　　反向圆角　　　　　　　　　倒角

图 3-141

3.2.5　绘制星形

1. 使用鼠标指针绘制星形

选择"星形"工具 ☆，在页面中需要的位置单击并按住鼠标左键不放，拖曳鼠标指针到需要的位置，释放鼠标左键，绘制出一个任意角度的正星形，效果如图 3-142 所示。

选择"星形"工具 ☆，按住 Shift 键，在页面中需要的位置单击并按住鼠标左键不放，拖曳鼠标指针到需要的位置，释放鼠标左键，绘制出一个无角度的正星形，效果如图 3-143 所示。

选择"星形"工具 ☆，按住 ~ 键，在页面中需要的位置单击并按住鼠标左键不放，拖曳鼠标指针到需要的位置，释放鼠标左键，绘制出多个星形，效果如图 3-144 所示。

2. 精确绘制星形

选择"星形"工具 ☆，在页面中需要的位置单击，弹出"星形"对话框，如图 3-145 所示。在对话框中，"半径 1"选项用于设置从星形中心点到各外部角的顶点的距离，"半径 2"选项用于设置从星形中心点到各内部角的端点的距离，"角点数"选项用于设置星形中的边角数量。设置完成后，单击"确定"按钮，得到图 3-146 所示的星形。

图 3-142　　　　图 3-143　　　　图 3-144　　　　图 3-145　　　　图 3-146

 提示

使用"直接选择"工具调整多边形和星形的实时转角与"椭圆"工具的使用方法相同，这里不再赘述。

3.3 手绘图形

Illustrator CC 2019 提供了铅笔工具和画笔工具，供用户绘制种类繁多的图形和路径；还提供了平滑工具和路径橡皮擦工具，供用户修饰绘制的图形和路径。

3.3.1　课堂案例——绘制卡通形象

⊕ 案例学习目标

学习使用"铅笔"工具、"画笔库"命令绘制卡通形象。

⊕ 案例知识要点

使用"钢笔"工具、"矩形"工具和"剪切蒙版"命令绘制身体部分；使用"铅笔"工具、"6d 艺术钢笔画笔"命令和"椭圆"工具绘制手臂。卡通形象效果如图 3-147 所示。

⊕ 效果所在位置

资源包 > Ch03 > 效果 > 绘制卡通形象 .ai。

图 3-147

绘制卡通形象

STEP ✍1 按 Ctrl+N 组合键，弹出"新建文档"对话框，设置文档的宽度为 100mm，高度为 100mm，取向为横向，颜色模式为 CMYK，单击"创建"按钮，新建一个文档。

STEP ✍2 选择"钢笔"工具 ✐，在页面中绘制不规则图形，如图 3-148 所示。设置填充色为浅蓝色（其 C、M、Y、K 的值分别为 60、3、31、0），填充图形，并设置描边色为无，如图 3-149 所示。

STEP ✍3 选择"矩形"工具 ▭，在适当的位置分别绘制矩形，如图 3-150 所示。选择"选择"工具 ▸，按住 Shift 键的同时，依次单击同时选取所绘制的矩形，设置图形填充色为土黄色（其 C、M、Y、K 的值分别为 7、4、82、0），填充图形，并设置描边色为无，效果如图 3-151 所示。

图 3-148

图 3-149

图 3-150

图 3-151

STEP ✍4 选取第 3 个矩形，拖曳右上角的控制手柄将其旋转到适当的角度，效果如图 3-152 所示。按住 Shift 键的同时，单击其余矩形将其同时选取，按 Ctrl+G 组合键，将其编组，如图 3-153 所示。

STEP ✍5 选择"效果 > 变形 > 弧形"命令，在弹出的"变形选项"对话框中进行设置，如图 3-154 所示；单击"确定"按钮，效果如图 3-155 所示。

图 3-152

图 3-153   图 3-154   图 3-155

STEP 6 选择"选择"工具 ▶，选取下方浅蓝色图形，按 Ctrl+C 组合键，复制图形，按 Shift+Ctrl+V 组合键，就地粘贴图形，如图 3-156 所示。按住 Shift 键的同时，单击土黄色图形将其同时选取，如图 3-157 所示，按 Ctrl+7 组合键，建立剪切蒙版，效果如图 3-158 所示。

STEP 7 按 Ctrl+O 组合键，打开资源包中的"Ch03 > 素材 > 绘制卡通形象 > 01"文件，选择"选择"工具 ▶，选取需要的图形，按 Ctrl+C 组合键，复制图形。选择正在编辑的页面，按 Ctrl+V 组合键，将图形粘贴到页面中，并拖曳复制的图形到适当的位置，效果如图 3-159 所示。

图 3-156   图 3-157   图 3-158   图 3-159

STEP 8 选择"铅笔"工具 ✏，在适当的位置绘制一条曲线，设置描边色为深黑色（其 C、M、Y、K 的值分别为 100、96、61、38），填充描边，效果如图 3-160 所示。

STEP 9 选择"窗口 > 画笔库 > Wacom 6D 画笔 > 6d 艺术钢笔画笔"命令，在弹出的"6d 艺术钢笔画笔"控制面板中选择需要的画笔，如图 3-161 所示，用画笔为曲线描边，效果如图 3-162 所示。

图 3-160   图 3-161   图 3-162

STEP 10 按 Ctrl+Shift+ [组合键，将曲线置于底层，效果如图 3-163 所示。选择"椭圆"工具 ⬭，按住 Shift 键的同时，在适当的位置绘制一个圆形，设置填充色为深黑色（其 C、M、Y、K 的值分别为 100、96、61、38），填充图形，并设置描边色为无，效果如图 3-164 所示。

STEP 11 用相同的方法制作右侧手臂，效果如图 3-165 所示。卡通形象绘制完成。

图 3-163　　　　　　　　　　　图 3-164　　　　　　　　　　　图 3-165

3.3.2　使用画笔工具

使用"画笔"工具 不仅可以绘制出样式繁多的精美线条和图形，还可以调节不同的刷头以达到不同的绘制效果。利用不同的画笔样式可以绘制出风格迥异的图像。

选择"画笔"工具 ，选择"窗口 > 画笔"命令，弹出"画笔"控制面板，如图 3-166 所示。在控制面板中选择任意一种画笔样式，在页面中需要的位置单击并按住鼠标左键不放，向右拖曳鼠标指针进行线条的绘制，释放鼠标左键，线条绘制完成，如图 3-167 所示。

图 3-166　　　　　　　　　　　　　　　　图 3-167

选取绘制的线条，如图 3-168 所示；选择"窗口 > 描边"命令，弹出"描边"控制面板，在控制面板中的"粗细"选项中选择或设置需要的描边大小，如图 3-169 所示；线条的效果如图 3-170 所示。

图 3-168　　　　　　　　　　　图 3-169　　　　　　　　　　　图 3-170

双击"画笔"工具 ，弹出"画笔工具选项"对话框，如图 3-171 所示。在对话框的"保真度"选项组中，"精确"选项用于调节绘制曲线上点的精确度，"平滑"选项用于调节绘制曲线的平滑度。在"选项"选项组中，勾选"填充新画笔描边"复选项，则每次使用画笔工具绘制图形时，系统都会自动以默认颜色来填充对象的笔画；勾选"保持选定"复选项，绘制的曲线处于被选取状态；勾选"编辑所选路径"复选项，画笔工具可以对选中的路径进行编辑。

3.3.3 使用"画笔"控制面板

选择"窗口 > 画笔"命令，弹出"画笔"控制面板，其中包含了许多内容。下面进行详细讲解。

1. 画笔类型

Illustrator CC 2019 包括 5 种类型的画笔，即散点画笔、书法画笔、毛刷画笔、图案画笔、艺术画笔。

（1）散点画笔。

单击"画笔"控制面板右上角的图标☰，将弹出其下拉菜单，在系统默认状态下"显示散点画笔"命令为灰色，选择"打开画笔库"命令，弹出子菜单，如图 3-172 所示。在弹出的菜单中选择任意一种散点画笔，弹出相应的控制面板，如图 3-173 所示。在控制面板中单击画笔，画笔就被加载到"画笔"控制面板中，如图 3-174 所示。选择任意一种散点画笔，再选择"画笔"工具 ✎，在页面上连续单击或拖曳鼠标指针，就可以绘制出需要的图像，效果如图 3-175 所示。

图 3-171

图 3-172

图 3-173

图 3-174

图 3-175

（2）书法画笔。

在系统默认状态下，书法画笔为显示状态，"画笔"控制面板的第一排为书法画笔，如图 3-176 所示。选择任意一种书法画笔，选择"画笔"工具 ✎，在页面中需要的位置单击并按住鼠标左键不放，拖曳鼠标指针进行线条的绘制，释放鼠标左键，线条绘制完成，效果如图 3-177 所示。

图 3-176

图 3-177

（3）毛刷画笔。

在系统默认状态下，毛刷画笔为显示状态，"画笔"控制面板的第 3 排为毛刷画笔，如图 3-178 所示。选择"画笔"工具 ✎，在页面中需要的位置单击并按住鼠标左键不放，拖曳鼠标指针进行线条的绘制，释放鼠标左键，线条绘制完成，效果如图 3-179 所示。

　　　　　图 3-178　　　　　　　　　　　　　图 3-179

（4）图案画笔。

单击"画笔"控制面板右上角的图标 ≡，将弹出其下拉菜单，在系统默认状态下"显示图案画笔"命令为灰色，选择"打开画笔库"命令，在弹出的菜单中选择任意一种图案画笔，弹出相应的控制面板，如图 3-180 所示。在控制面板中单击画笔，画笔即被加载到"画笔"控制面板中，如图 3-181 所示。选择任意一种图案画笔，再选择"画笔"工具 ✎，在页面上连续单击或拖曳鼠标指针就可以绘制出需要的图像，效果如图 3-182 所示。

　　图 3-180　　　　　　　　图 3-181　　　　　　　图 3-182

（5）艺术画笔。

在系统默认状态下，艺术画笔为显示状态，"画笔"控制面板的第二排以下为艺术画笔，如图 3-183 所示。选择任意一种艺术画笔，选择"画笔"工具 ✎，在页面中需要的位置单击并按住鼠标左键不放，拖曳鼠标进行线条的绘制，释放鼠标左键，线条绘制完成，效果如图 3-184 所示。

　　　　图 3-183　　　　　　　　　　　　图 3-184

2. 更改画笔类型

选中想要更改画笔类型的图像，如图 3-185 所示，在"画笔"控制面板中单击需要的画笔样式，如图 3-186 所示，更改画笔后的图像效果如图 3-187 所示。

3. "画笔"控制面板的按钮

"画笔"控制面板下面有 4 个按钮。从左到右依次是"移去画笔描边"按钮 ✕ 、"所选对象的选项"

按钮 、"新建画笔"按钮 和"删除画笔"按钮 。

图 3-185　　　　　　　　　　　图 3-186　　　　　　　　　　　图 3-187

"移去画笔描边"按钮 ✕ ：可以将当前被选中的图形上的描边删除，留下原始路径。

"所选对象的选项"按钮 ▦ ：可以打开应用到被选中图形上的画笔的选项对话框，在对话框中编辑画笔。

"新建画笔"按钮 ▪ ：可以创建新的画笔。

"删除画笔"按钮 🗑 ：可以删除选定的画笔样式。

4．"画笔"控制面板的下拉式菜单

单击"画笔"控制面板右上角的图标 ≡ ，弹出其下拉菜单，如图 3-188 所示。

"新建画笔"命令、"删除画笔"命令、"移去画笔描边"命令和"所选对象的选项"命令与相应的按钮功能是一样的。"复制画笔"命令用于复制选定的画笔。"选择所有未使用的画笔"命令用于选中在当前文档中还没有使用过的所有画笔。"列表视图"命令用于将所有的画笔类型以列表的方式按照名称顺序排列，在显示小图标的同时还可以显示画笔的种类，如图 3-189 所示。"画笔选项"命令用于打开相关的选项对话框对画笔进行编辑。

图 3-188

图 3-189

5．编辑画笔

Illustrator CC 2019 提供了对画笔编辑的功能，如改变画笔的外观、大小、颜色、角度，以及箭头方向等。对于不同的画笔类型，编辑的参数也有所不同。

选中"画笔"控制面板中需要编辑的画笔，如图 3-190 所示。单击控制面板右上角的图标 ≡ ，在弹出式菜单中选择"画笔选项"命令，弹出"散点画笔选项"对话框，如图 3-191 所示。在对话框中，"名称"选项用于设定画笔的名称；"大小"选项用于设定画笔图案与原图案之间的比例大小；"间距"选项用于设定"画笔"工具 ✐ 绘图时沿路径分布的图案之间的距离；"分布"选项用于设定路径两侧

分布的图案之间的距离；"旋转"选项用于设定各个画笔图案的旋转角度；"旋转相对于"选项用于设定画笔图案是相对于"页面"还是相对于"路径"来旋转；"着色"选项组中的"方法"选项用于设置着色的方法；"主色"选项后的吸管工具用于选择颜色，其后的色块即所选择的颜色；单击"提示"按钮 💡，弹出"着色提示"对话框，如图 3-192 所示。设置完成后，单击"确定"按钮，即可完成画笔的编辑。

图 3-190　　　　　　　　　　図 3-191　　　　　　　　　　图 3-192

6. 自定义画笔

Illustrator CC 2019 除了利用系统预设的画笔类型和编辑已有的画笔外，还可以使用自定义的画笔。不同类型的画笔，定义的方法类似。如果新建散点画笔，那么作为散点画笔的图形对象中就不能包含图案、渐变填充等属性。如果新建书法画笔和艺术画笔，就不需要事先制作好图案，只要在其相应的画笔选项对话框中进行设定就可以了。

选中想要制作成为画笔的对象，如图 3-193 所示。单击"画笔"控制面板下面的"新建画笔"按钮 🔳，或选择控制面板右上角的按钮 ≡，在弹出式菜单中选择"新建画笔"命令，弹出"新建画笔"对话框，选择"散点画笔"单选项，如图 3-194 所示。

图 3-193　　　　　　　　　　图 3-194

单击"确定"按钮，弹出"散点画笔选项"对话框，如图 3-195 所示，单击"确定"按钮，制作的画笔将自动添加到"画笔"控制面板中，如图 3-196 所示。使用新定义的画笔就可以在绘图页面上绘制图形了，如图 3-197 所示。

图 3-195   图 3-196   图 3-197

3.3.4 使用画笔库

Illustrator CC 2019 不但提供了功能强大的画笔工具,还提供了多种画笔库,其中包含箭头、艺术效果、装饰、边框、默认画笔等,这些画笔可以任意调用。

选择"窗口 > 画笔库"命令,在弹出式菜单中将显示一系列的画笔库命令。分别选择各个命令,可以弹出一系列的"画笔"控制面板,如图 3-198 所示。

Illustrator CC 2019 还允许调用其他"画笔库"。选择"窗口 > 画笔库 > 其他库"命令,弹出"选择要打开的库"对话框,如图 3-199 所示,可以选择其他合适的库。

图 3-198   图 3-199

3.3.5 使用铅笔工具

使用"铅笔"工具 ✏ 可以随意绘制出自由的曲线路径,在绘制过程中,Illustrator CC 2019 会自动依据鼠标的轨迹来设定节点并生成路径。铅笔工具既可以绘制闭合路径,也可以绘制开放路径,还可以将已经存在的曲线的节点作为起点,延伸绘制新的曲线,从而达到修改曲线的目的。

选择"铅笔"工具 ✏ ,在页面中需要的位置单击并按住鼠标左键不放,拖曳鼠标指针到需要的位置,可以绘制一条路径,如图 3-200 所示。释放鼠标左键,绘制出的效果如图 3-201 所示。

选择"铅笔"工具 ✏ ,在页面中需要的位置单击并按住鼠标左键不放,拖曳鼠标指针到需要的位置,如图 3-202 所示,按住 Alt 键,将鼠标指针拖曳到起点上,再释放鼠标左键,可以以直线段闭合路径,如图 3-203 所示。

图 3-200   图 3-201   图 3-202   图 3-203

绘制一个闭合的图形并选中这个图形,再选择"铅笔"工具 ✏️ ,在闭合图形上的两个节点之间拖曳,如图 3-204 所示;可以修改图形的形状,释放鼠标左键,得到的图形效果如图 3-205 所示。

图 3-204   图 3-205

双击"铅笔"工具 ✏️ ,弹出"铅笔工具选项"对话框,如图 3-206 所示。在对话框的"保真度"选项组中,"精确"选项用于调节绘制曲线上的点的精确度,"平滑"选项用于调节绘制曲线的平滑度。在"选项"选项组中,勾选"填充新铅笔描边"复选项,如果当前设置了填充颜色,绘制出的路径将使用该颜色;勾选"保持选定"复选项,绘制的曲线处于被选取状态;勾选"Alt 键切换到平滑工具"复选项,可以在按住 Alt 键的同时,将铅笔工具切换为平滑工具;勾选"当终端在此范围内时闭合路径"复选项,可以在设置的预定义像素数内自动闭合绘制的路径。勾选"编辑所选路径"复选项,铅笔工具可以对选中的路径进行编辑。

图 3-206

3.3.6 使用平滑工具

使用"平滑"工具 ✏️ 可以将尖锐的曲线变得较为光滑。

绘制曲线并选中绘制的曲线,选择"平滑"工具 ✏️ ,将鼠标指针移到需要平滑的路径旁,按住鼠标左键不放并在路径上拖曳,如图 3-207 所示,路径平滑后的效果如图 3-208 所示。

双击"平滑"工具 ✏️ ,弹出"平滑工具选项"对话框,如图 3-209 所示。在"保真度"选项组中,"精确"选项用于调节处理曲线上点的精确度,"平滑"选项用于调节处理曲线的平滑度。

图 3-207   图 3-208   图 3-209

3.3.7 使用路径橡皮擦工具

使用"路径橡皮擦"工具 可以擦除已有路径的全部或者一部分，但是"路径橡皮擦"工具 不能应用于文本对象和包含有渐变网格的对象。

选中想要擦除的路径，选择"路径橡皮擦"工具 ，将鼠标指针移到需要清除的路径旁，按住鼠标左键不放并在路径上拖曳，如图 3-210 所示，擦除路径后的效果如图 3-211 所示。

图 3-210   图 3-211

3.3.8 使用连接工具

使用"连接"工具 可以将交叉、重叠或两端开放的路径连接为闭合路径。

选中要连接的开放路径，选择"连接"工具 ，将鼠标指针移到左侧端点处，按住鼠标左键不放并向右侧端点处拖曳，如图 3-212 所示；松开鼠标后，连接路径后的效果如图 3-213 所示。

选中要连接的交叉路径，选择"连接"工具 ，将鼠标指针移到左侧端点处，按住鼠标左键不放并向右侧端点处拖曳，如图 3-214 所示；松开鼠标后，连接路径后的效果如图 3-215 所示。

图 3-212   图 3-213   图 3-214   图 3-215

3.4 对象的编辑

Illustrator CC 2019 提供了强大的对象编辑功能，这一节将讲解编辑对象的方法，其中包括对象的多种选取方式，对象的比例缩放、移动、镜像、旋转、倾斜、扭曲变形、复制、删除，以及使用"路径查找器"控制面板编辑对象等。

3.4.1 课堂案例——绘制猫头鹰

⊕ 案例学习目标

学习使用"绘图"工具、"路径查找器"控制面板绘制猫头鹰。

⊕ 案例知识要点

使用"椭圆"工具、"多边形"工具、"镜像"工具和"路径查找器"控制面板制作头部、耳朵和身体部分；使用"多边形"工具、"添加锚点"工具和"直接选择"工具绘制鼻子；使用"椭圆"工具、"旋转"工具和"路径查找器"控制面板制作翅膀；使用"矩形"工具、"直接选择"工具绘制脚。猫头鹰效果如图 3-216 所示。

🔍　**效果所在位置**

资源包 > Ch03 > 效果 > 绘制猫头鹰 .ai。

图 3-216

1. 绘制身体及头部

STEP ➊ 按 Ctrl+N 组合键，弹出"新建文档"对话框，设置文档的宽度为 800 px，高度为 600 px，取向为横向，颜色模式为 RGB，单击"创建"按钮，新建一个文档。

STEP ➋ 选择"文件 > 置入"命令，弹出"置入"对话框，选择资源包中的 "Ch03 > 素材 > 绘制猫头鹰 > 01"文件，单击"置入"按钮，在页面中单击置入图片，

绘制身体及头部

单击属性栏中的"嵌入"按钮，嵌入图片。选择"选择"工具 ▶，拖曳线稿图片到适当的位置，效果如图 3-217 所示。按 Ctrl+2 组合键，锁定所选对象。

STEP ➌ 选择"椭圆"工具 ⬭，沿线稿图中的猫头鹰头部外轮廓绘制椭圆形，如图 3-218 所示。

图 3-217　　　　　　　　　　　　　　　图 3-218

STEP ➍ 选择"多边形"工具 ⬡，在页面中单击鼠标左键，弹出"多边形"对话框，选项的设置如图 3-219 所示，单击"确定"按钮，出现一个三角形。选择"选择"工具 ▶，拖曳三角形到适当的位置，效果如图 3-220 所示。向左拖曳三角形右侧中间的控制手柄到适当的位置，调整其大小，效果如图 3-221 所示。

图 3-219　　　　　　　　　　图 3-220　　　　　　　　　　图 3-221

STEP 15 拖曳右上角的控制手柄将其旋转到适当的角度，效果如图 3-222 所示。双击"镜像"工具 ▷◁，弹出"镜像"对话框，选项的设置如图 3-223 所示；单击"复制"按钮，镜像并复制图形，效果如图 3-224 所示。

图 3-222   图 3-223   图 3-224

STEP 16 选择"选择"工具 ▶，按住 Shift 键的同时，水平向右拖曳复制的图形到适当的位置，效果如图 3-225 所示。用框选的方法同时选取所绘制的图形，如图 3-226 所示。选择"窗口 > 路径查找器"命令，弹出"路径查找器"控制面板，单击"联集"按钮 ▣，如图 3-227 所示；生成新的对象，效果如图 3-228 所示。

图 3-225   图 3-226   图 3-227   图 3-228

STEP 17 选择"椭圆"工具 ◯，按住 Shift 键的同时，在适当的位置绘制一个圆形，效果如图 3-229 所示。选择"选择"工具 ▶，按住 Alt+Shift 组合键的同时，水平向右拖曳圆形到适当的位置，复制圆形，效果如图 3-230 所示。

图 3-229   图 3-230

STEP 18 选择"椭圆"工具 ◯，在适当的位置绘制一个椭圆形，效果如图 3-231 所示。选择"选择"工具 ▶，依次单击上方两个圆形将其同时选取，如图 3-232 所示。在"路径查找器"控制面板中，单击"联集"按钮 ▣，生成新的对象，效果如图 3-233 所示。

图 3-231　　　　　　　　　　图 3-232　　　　　　　　　　图 3-233

STEP **9** 选择"椭圆"工具 ，按住 Shift 键的同时，在适当的位置绘制一个圆形，如图 3-234 所示。按 Ctrl+C 组合键，复制图形，按 Ctrl+F 组合键，将复制的圆形贴在前面。选择"选择"工具 ▶，按住 Shift 键的同时，向内拖曳圆形右上角控制手柄到适当的位置，调整其大小，效果如图 3-235 所示。用相同的方法再复制两个圆形，并调整其大小，效果如图 3-236 所示。(这里先复制小圆形，再复制大圆形)

图 3-234　　　　　　　　　　图 3-235　　　　　　　　　　图 3-236

STEP **10** 选择"选择"工具 ▶，单击下方两个圆形将其同时选取，如图 3-237 所示。在"路径查找器"控制面板中，单击"减去顶层"按钮 ⬚，如图 3-238 所示；生成新的对象，效果如图 3-239 所示。

图 3-237　　　　　　　　　　图 3-238　　　　　　　　　　图 3-239

STEP **11** 选择"选择"工具 ▶，用框选的方法同时选取所绘制的图形，按住 Alt+Shift 组合键的同时，水平向右拖曳图形到适当的位置，复制图形，效果如图 3-240 所示。选择"多边形"工具 ⬡，在适当的位置拖曳鼠标绘制一个三角形，效果如图 3-241 所示。

图 3-240　　　　　　　　　　图 3-241

STEP ⬇12 选择"选择"工具 ▶，向右拖曳三角形右侧中间的控制手柄到适当的位置，调整其大小，效果如图 3-242 所示。选择"添加锚点"工具 ✎，在三角形下边中间位置单击鼠标左键，添加一个锚点，如图 3-243 所示。选择"直接选择"工具 ▷，向下拖曳添加的锚点到适当的位置，效果如图 3-244 所示。

图 3-242   图 3-243   图 3-244

STEP ⬇13 选择"椭圆"工具 ⬭，按住 Shift 键的同时，在适当的位置分别绘制三个圆形，效果如图 3-245 所示。选择"选择"工具 ▶，用框选的方法同时选取所绘制的圆形，如图 3-246 所示。

图 3-245   图 3-246

STEP ⬇14 双击"镜像"工具 ◁▷，弹出"镜像"对话框，选项的设置如图 3-247 所示；单击"复制"按钮，镜像并复制图形，效果如图 3-248 所示。选择"选择"工具 ▶，按住 Shift 键的同时，水平向右拖曳复制的图形到适当的位置，效果如图 3-249 所示。

图 3-247   图 3-248   图 3-249

2. 绘制翅膀和腿

STEP ⬇1 选择"椭圆"工具 ⬭，在页面外单击鼠标左键，弹出"椭圆"对话框，选项的设置如图 3-250 所示，单击"确定"按钮，出现一个椭圆形，效果如图 3-251 所示。

STEP ⬇2 选择"旋转"工具 ↻，按住 Alt 键的同时，在椭圆顶部单击，如图 3-252 所示，同时弹出"旋转"对话框，选项的设置如图 3-253 所示，单击"复制"按钮，效果如图 3-254 所示。

绘制翅膀和腿

图 3-250　　　图 3-251　图 3-252　　　　图 3-253　　　　图 3-254

STEP 3 连续按 Ctrl+D 组合键，复制出多个椭圆形，效果如图 3-255 所示。选择"选择"工具 ▶，按住 Shift 键，依次单击不需要的椭圆形将其同时选取，如图 3-256 所示，按 Delete 键将其删除，效果如图 3-257 所示。

图 3-255　　　　　　图 3-256　　　　　　图 3-257

STEP 4 选择"选择"工具 ▶，用框选的方法同时选取余下的图形，如图 3-258 所示。在"路径查找器"控制面板中，单击"联集"按钮 ，生成新的对象，效果如图 3-259 所示。拖曳图形到页面中适当的位置，调整其大小和角度，效果如图 3-260 所示。

图 3-258　　　图 3-259　　　　图 3-260

STEP 5 双击"镜像"工具 ，弹出"镜像"对话框，选项的设置如图 3-261 所示；单击"复制"按钮，镜像并复制图形，效果如图 3-262 所示。选择"选择"工具 ▶，按住 Shift 键的同时，水平向右拖曳复制的图形到适当的位置，效果如图 3-263 所示。

STEP 6 选择"椭圆"工具 ，在适当的位置绘制一个椭圆形，效果如图 3-264 所示。选择"选择"工具 ▶，选取下方需要的图形，按 Ctrl+C 组合键，复制图形，按 Ctrl+F 组合键，将复制的图形粘贴在前面，如图 3-265 所示。按住 Shift 键的同时，单击下方椭圆形将其同时选取，如图 3-266 所示。

图 3-261　　　　图 3-262　　　　图 3-263

图 3-264　　　　图 3-265　　　　图 3-266

STEP 7 在"路径查找器"控制面板中，单击"交集"按钮，如图 3-267 所示；生成新的对象，效果如图 3-268 所示。

图 3-267　　　　　　图 3-268

STEP 8 选择"椭圆"工具，按住 Shift 键的同时，在适当的位置绘制一个圆形，效果如图 3-269 所示。按住 Alt+Shift 组合键的同时，垂直向上拖曳圆形到适当的位置，复制圆形，效果如图 3-270 所示。

STEP 9 选择"选择"工具，按住 Shift 键的同时，单击下方圆形将其同时选取，如图 3-271 所示。在"路径查找器"控制面板中，单击"减去顶层"按钮，生成新的对象，效果如图 3-272 所示。

图 3-269　　　　图 3-270　　　　图 3-271　　　　图 3-272

STEP ⟱**10** 选择 "选择" 工具 ▶，按住 Alt+Shift 组合键的同时，水平向右拖曳图形到适当的
位置，复制图形，效果如图 3-273 所示。用相同的方法分别复制其他图形，效果如图 3-274 所示。选
择 "矩形" 工具 ▢，在适当的位置绘制一个矩形，如图 3-275 所示。

图 3-273　　　　　　　　　图 3-274　　　　　　　　　图 3-275

STEP ⟱**11** 选择 "直接选择" 工具 ▷，选取左上角的锚点，并向左拖曳锚点到适当的位置，
效果如图 3-276 所示。用相同的方法调整右上角的锚点，效果如图 3-277 所示。

图 3-276　　　　　　　　　图 3-277

STEP ⟱**12** 选择 "直接选择" 工具 ▷，按住 Shift 键的同时，依次单击其他锚点将其同时选
取，如图 3-278 所示。向内拖曳左上角的边角构件至最大角，如图 3-279 所示，松开鼠标后，效果如
图 3-280 所示。

图 3-278　　　　　　　　　图 3-279　　　　　　　　　图 3-280

STEP ⟱**13** 选择 "选择" 工具 ▶，选取图形，按住 Alt+Shift 组合键的同时，水平向左拖曳图形
到适当的位置，复制图形，如图 3-281 所示。用相同的方法向右再复制一个图形，效果如图 3-282 所示。

图 3-281　　　　　　　　　图 3-282

STEP ⟱**14** 选择 "选择" 工具 ▶，按住 Shift 键的同时，依次单击需要的图形将其同时选取，
如图 3-283 所示，按住 Alt+Shift 组合键的同时，水平向右拖曳图形到适当的位置，复制图形，效果如
图 3-284 所示。

图 3-283 图 3-284

STEP 15 选择"矩形"工具 ，在适当的位置绘制一个矩形，如图 3-285 所示。设置填充色为浅棕色（其 R、G、B 的值分别为 142、114、85），填充图形，并设置描边色为无，效果如图 3-286 所示。连续按 Ctrl+ [组合键，将图形向后移至适当的位置，效果如图 3-287 所示。

图 3-285 图 3-286 图 3-287

STEP 16 用相同的方法分别填充其他图形的颜色，并调整其顺序，效果如图 3-288 所示。按 Alt+Ctrl+2 组合键，全部解锁对象，此时，线稿图处于被选中状态，如图 3-289 所示，按 Delete 键将其删除，效果如图 3-290 所示。猫头鹰绘制完成。

图 3-288 图 3-289 图 3-290

3.4.2 对象的选取

在 Illustrator CC 2019 中，提供了 5 种选择工具，包括"选择"工具 、"直接选择"工具 、"编组选择"工具 、"魔棒"工具 和"套索"工具 。它们都位于工具箱的上方，如图 3-291 所示。

图 3-291

"选择"工具 ：通过单击路径上的一点或一部分来选择整个路径。

"直接选择"工具 ：可以选择路径上独立的节点或线段，并显示出路径上的所有方向线以便于调整。

"编组选择"工具 ：可以单独选择组合对象中的个别对象。

"魔棒"工具 ：可以选择具有相同笔画或填充属性的对象。

"套索"工具 ：可以选择路径上独立的节点或线段，在直接选取套索工具拖动时，经过轨迹上的所有路径都将被同时选中。

编辑一个对象之前，首先要选中这个对象。对象在刚建立时一般呈选取状态，对象的周围出现矩形圈选框，矩形圈选框是由 8 个控制手柄组成的，对象的中心有一个"■"形的中心标记，对象矩形圈选框的示意图如图 3-292 所示。

　　当选取多个对象时，可以多个对象共用 1 个矩形圈选框，多个对象的选取状态如图 3-293 所示。要取消对象的选取状态，只要在绘图页面上的其他位置单击即可。

图 3-292　　　　　　　　　　　图 3-293

1．使用选择工具选取对象

　　选择"选择"工具 ，当鼠标指针移动到对象或路径上时，指针变为"▶"图标，如图 3-294 所示；当鼠标指针移动到节点上时，指针变为"▶"图标，如图 3-295 所示；单击鼠标左键即可选取对象，指针变为"▶"图标，如图 3-296 所示。

 提示

按住 Shift 键，分别在要选取的对象上单击鼠标左键，即可连续选取多个对象。

图 3-294　　　　　　　　图 3-295　　　　　　　　图 3-296

　　选择"选择"工具 ，在绘图页面中要选取的对象外围单击并拖曳鼠标指针，就会出现一个灰色的矩形圈选框，如图 3-297 所示。在矩形圈选框圈选住整个对象后释放鼠标，这时，被圈选的对象处于选取状态，如图 3-298 所示。

 提示

用圈选的方法可以同时选取一个或多个对象。

图 3-297　　　　　　　　图 3-298

2. 使用直接选择工具选取对象

选择"直接选择"工具 ，单击对象可以选取整个对象，如图3-299所示。在对象的某个节点上单击，该节点将被选中，如图3-300所示。选中该节点不放，向下拖曳，将改变对象的形状，如图3-301所示。

图3-299　　　　　　　图3-300　　　　　　　图3-301

也可使用"直接选择"工具 圈选节点。使用"直接选择"工具 拖曳出一个矩形圈选框，在框中的所有节点将被同时选取。

 提示

在移动节点的时候，按住Shift键，节点可以沿着45°角的整数倍方向移动；在移动节点时，按住Alt键，此时可以复制节点，这样就可以得到一段新路径。

3. 使用魔棒工具选取对象

双击"魔棒"工具 ，弹出"魔棒"控制面板，如图3-302所示。

勾选"填充颜色"复选框，可以使填充相同颜色的对象同时被选中；勾选"描边颜色"复选框，可以使填充相同描边的对象同时被选中；勾选"描边粗细"复选框，可以使填充相同笔画宽度的对象同时被选中；勾选"不透明度"复选框，可以使相同透明度的对象同时被选中；勾选"混合模式"复选框，可以使相同混合模式的对象同时被选中。

图3-302

绘制3个图形，如图3-303所示，"魔棒"控制面板的设定如图3-304所示；使用"魔棒"工具 ，单击左边的对象，那么填充相同颜色的对象都会被选取，效果如图3-305所示。

图3-303　　　　　　　图3-304　　　　　　　图3-305

绘制3个图形，如图3-306所示，"魔棒"控制面板的设定如图3-307所示；使用"魔棒"工具 ，单击左边的对象，那么填充相同描边颜色的对象都会被选取，如图3-308所示。

图 3-306　　　　　　　　　　图 3-307　　　　　　　　　　图 3-308

4. 使用套索工具选取对象

选择"套索"工具 ，在对象的外围单击并按住鼠标左键，拖曳鼠标指针绘制一个套索圈，如图 3-309 所示，释放鼠标左键，对象被选取，效果如图 3-310 所示。

图 3-309　　　　　　　　　　　　　图 3-310

选择"套索"工具 ，在绘图页面中的对象外围单击并按住鼠标左键，拖曳鼠标指针在对象上绘制出一条套索线，绘制的套索线必须经过对象，效果如图 3-311 所示。套索线经过的对象将同时被选中，得到的效果如图 3-312 所示。

图 3-311　　　　　　　　　　　　　图 3-312

5. 使用选择菜单

Illustrator CC 2019 除了提供 5 种选择工具，还提供了一个"选择"菜单，如图 3-313 所示。

"全部"命令：可以将 Illustrator CC 2019 绘图页面上的所有对象同时选取（组合键为 Ctrl+A），不包含隐藏和锁定的对象。

"现用画板上的全部对象"命令：可以将 Illustrator CC 2019 画板上的所有对象同时选取（组合键为 Alt+Ctrl+A），不包含隐藏和锁定的对象。

"取消选择"命令：可以取消所有对象的选取状态（组合键为 Shift+Ctrl+A）。

"重新选择"命令：可以重复上一次的选取操作（组合键为 Ctrl+6）。

"反向"命令：可以选取文档中除当前被选中的对象之外的所有对象。

"上方的下一个对象"命令：可以选取当前被选中对象之上的对象。

"下方的下一个对象"命令：可以选取当前被选中对象之下的对象。

全部(A)	Ctrl+A
现用画板上的全部对象(L)	Alt+Ctrl+A
取消选择(D)	Shift+Ctrl+A
重新选择(R)	Ctrl+6
反向(I)	
上方的下一个对象(V)	Alt+Ctrl+]
下方的下一个对象(B)	Alt+Ctrl+[
相同(M)	
对象(O)	
启动全局编辑	
存储所选对象(S)...	
编辑所选对象(E)...	

图 3-313

"相同"子菜单下包含 12 个命令，即外观命令、外观属性命令、混合模式命令、填色和描边命令、填充颜色命令、不透明度命令、描边颜色命令、描边粗细命令、图形样式命令、形状命令、符号实例命令和链接块系列命令。

"对象"子菜单下包含9个命令，即同一图层上的所有对象命令、方向手柄命令、毛刷画笔描边命令、画笔描边命令、剪切蒙版命令、游离点命令、所有文本对象命令、点状文字对象命令、区域文字对象命令。

"存储所选对象"命令：可以将当前进行的选取操作进行保存。

"编辑所选对象"命令：可以对已经保存的选取操作进行编辑。

3.4.3　对象的比例缩放、移动和镜像

1. 对象的缩放

在 Illustrator CC 2019 中可以快速而精确地按比例缩放对象，使设计工作变得更轻松。下面介绍对象按比例缩放的方法。

（1）使用工具箱中的工具缩放对象。

选取要缩放的对象，对象的周围出现控制手柄，如图 3-314 所示。拖曳需要的控制手柄，如图 3-315 所示，可以缩放对象，效果如图 3-316 所示。

图 3-314　　　　　图 3-315　　　　　图 3-316

选取要成比例缩放的对象，再选择"比例缩放"工具 ，对象的中心出现缩放的中心控制点，在中心控制点上单击并拖曳可以移动中心控制点的位置，如图 3-317 所示。在对象上拖曳鼠标指针可以缩放对象，如图 3-318 所示。成比例缩放对象的效果如图 3-319 所示。

图 3-317　　　　　图 3-318　　　　　图 3-319

提 示

拖曳对角线上的控制手柄时，按住 Shift 键，对象会成比例缩放。按住 Shift+Alt 组合键，对象会成比例地从对象中心缩放。

（2）使用"变换"控制面板成比例缩放对象。

选择"窗口 > 变换"命令（组合键为 Shift+F8），弹出"变换"控制面板，如图 3-320 所示。在控制面板中，"宽"选项用于设置对象的宽度，"高"选项用于设置对象的高度。改变宽度和高度值，就可以缩放对象。勾选"缩放圆角"复选项，可以在缩放时等比例缩放圆角半径值。勾选"缩放描边和效果"复选项，可以在缩放时等比例缩放添加的描边和效果。

（3）使用菜单命令缩放对象。

选择"对象 > 变换 > 缩放"命令，弹出"比例缩放"对话框，如图 3-321 所示。在对话框中，选择"等比"选项可以调节对象成比例缩放，右侧的文本框可以设置对象成比例缩放的百分比数值。选择"不等比"选项可以调节对象不成比例缩放，"水平"选项用于设置对象在水平方向上的缩放百分比，"垂直"选项用于设置对象在垂直方向上的缩放百分比。

图 3-320　　　　　　　　　　图 3-321

（4）使用鼠标右键的弹出式命令缩放对象。

在选取的要缩放的对象上单击鼠标右键，弹出快捷菜单，选择"对象 > 变换 > 缩放"命令，也可以缩放对象。

 提示

对象的移动、旋转、镜像和倾斜命令的操作也可以使用鼠标右键的弹出式命令来完成。

2. 对象的移动

在 Illustrator CC 2019 中，可以快速而精确地移动对象。要移动对象，就要使被移动的对象处于选取状态。

（1）使用工具箱中的工具和键盘移动对象。

选取要移动的对象，效果如图 3-322 所示。在对象上单击并按住鼠标的左键不放，拖曳鼠标指针到需要放置对象的位置，如图 3-323 所示。释放鼠标左键，完成对象的移动操作，效果如图 3-324 所示。

图 3-322　　　　　　图 3-323　　　　　　图 3-324

选取要移动的对象，用键盘上的"方向"键可以微调对象的位置。

（2）使用"变换"控制面板移动对象。

选择"窗口 > 变换"命令（组合键为 Shift+F8），弹出"变换"控制面板，如图 3-325 所示。在控制面板中，"X"选项用于设置对象在 X 轴的位置，"Y"选项用于设置对象在 Y 轴的位置。改变 X 轴和 Y 轴的数值，就可以移动对象。

（3）使用菜单命令移动对象。

选择"对象 > 变换 > 移动"命令（组合键为 Shift+Ctrl+M），弹出"移动"对话框，如图 3-326 所示。在对话框中，"水平"选项用于设置对象在水平方向上移动的数值，"垂直"选项用于设置对象在垂直方向上移动的数值。"距离"选项用于设置对象移动的距离，"角度"选项用于设置对象移动或旋转的角度。"复制"按钮用于复制出一个移动对象。

图 3-325

图 3-326

3. 对象的镜像

在 Illustrator CC 2019 中可以快速而精确地进行镜像操作，以使设计和制作工作更加轻松有效。

（1）使用工具箱中的工具镜像对象。

选取要生成镜像的对象，如图 3-327 所示，选择"镜像"工具 ，拖曳对象进行旋转，出现蓝色虚线，效果如图 3-328 所示，这样可以实现图形的旋转变换，也就是对象绕自身中心的镜像变换，镜像后的效果如图 3-329 所示。

在绘图页面上任意位置单击，可以确定新的镜像轴标志" "的位置，效果如图 3-330 所示。在绘图页面上任意位置再次单击，则单击产生的点与镜像轴标志的连线就作为镜像变换的镜像轴，对象在与镜像轴对称的地方生成镜像，对象的镜像效果如图 3-331 所示。

| 图 3-327 | 图 3-328 | 图 3-329 | 图 3-330 | 图 3-331 |

使用"镜像"工具 生成镜像对象的过程中，只能使对象本身产生镜像。要在镜像的位置生成一个对象的复制品，方法很简单，在拖曳鼠标的同时按住 Alt 键即可。"镜像"工具 也可以用于旋转对象。

（2）使用"选择"工具 ▶ 镜像对象。

使用"选择"工具 ▶，选取要生成镜像的对象，效果如图 3-332 所示。按住鼠标左键直接拖曳控制手柄到相对的边，直到出现对象的蓝色虚线，如图 3-333 所示。释放鼠标左键就可以得到不规则的镜像对象，效果如图 3-334 所示。

图 3-332　　　　　　　　　图 3-333　　　　　　　　　图 3-334

直接拖曳左边或右边中间的控制手柄到相对的边，直到出现对象的蓝色虚线，释放鼠标左键就可以得到原对象的水平镜像。直接拖曳上边或下边中间的控制手柄到相对的边，直到出现对象的蓝色虚线，释放鼠标左键就可以得到原对象的垂直镜像。

 提示

按住 Shift 键，拖曳边角上的控制手柄到相对的边，对象会成比例地沿对角线方向生成镜像。按住 Shift+Alt 组合键，拖曳边角上的控制手柄到相对的边，对象会成比例地从中心生成镜像。

（3）使用菜单命令镜像对象。

选择"对象 > 变换 > 对称"命令，弹出"镜像"对话框，如图 3-335 所示。在"轴"选项组中，选择"水平"单选项可以垂直镜像对象，选择"垂直"单选项可以水平镜像对象，选择"角度"单选项可以输入镜像角度的数值；在"选项"选项组中，选择"变换对象"选项，镜像的对象不是图案；选择"变换图案"选项，镜像的对象是图案；"复制"按钮用于在原对象上复制一个镜像的对象。

图 3-335

3.4.4　对象的旋转和倾斜变形

1. 对象的旋转

（1）使用工具箱中的工具旋转对象。

使用"选择"工具 ▶ 选取要旋转的对象，将鼠标指针移动到旋转控制手柄上，这时的指针变为旋转符号"↻"，效果如图 3-336 所示。单击鼠标左键，拖动鼠标指针旋转对象，旋转时对象会出现蓝色虚线，指示旋转方向和角度，效果如图 3-337 所示。旋转到需要的角度后释放鼠标左键，旋转对象的效果如图 3-338 所示。

图 3-336　　　　　　　　　图 3-337　　　　　　　　　图 3-338

选取要旋转的对象，选择"自由变换"工具 ，对象的四周会出现控制柄。拖曳控制柄，就可以旋转对象。此工具与"选择"工具 ▶ 的使用方法类似。

选取要旋转的对象，选择"旋转"工具 ，对象的四周出现控制柄。拖曳控制柄，就可以旋转对象。对象是围绕旋转中心" "来旋转的，Illustrator 默认的旋转中心是对象的中心点。可以通过改变旋转中心来使对象旋转到新的位置，将鼠标指针移动到旋转中心上，单击鼠标左键拖曳旋转中心到需要的位置后，拖曳鼠标指针，如图 3-339 所示，释放鼠标，改变旋转中心后旋转对象的效果如图 3-340 所示。

图 3-339 图 3-340

（2）使用"变换"控制面板旋转对象。

选择"窗口 > 变换"命令，弹出"变换"控制面板。"变换"控制面板的使用方法和"移动对象"中的使用方法相同，这里不再赘述。

（3）使用菜单命令旋转对象。

选择"对象 > 变换 > 旋转"命令或双击"旋转"工具 ，弹出"旋转"对话框，如图 3-341 所示。在对话框中，"角度"选项用于设置对象旋转的角度；勾选"变换对象"复选项，旋转的对象不是图案；勾选"变换图案"复选项，旋转的对象是图案；"复制"按钮用于在原对象上复制一个旋转对象。

图 3-341

2. 对象的倾斜

（1）使用工具箱中的工具倾斜对象。

选取要倾斜的对象，效果如图 3-342 所示，选择"倾斜"工具 ，对象的四周出现控制柄。拖曳控制手柄或对象，倾斜时对象会出现蓝色的虚线指示倾斜变形的方向和角度，效果如图 3-343 所示。倾斜到需要的角度后释放鼠标左键，对象的倾斜效果如图 3-344 所示。

图 3-342 图 3-343 图 3-344

（2）使用"变换"控制面板倾斜对象。

选择"窗口 > 变换"命令，弹出"变换"控制面板。"变换"控制面板的使用方法和"移动"中的使用方法相同，这里不再赘述。

（3）使用菜单命令倾斜对象。

选择"对象 > 变换 > 倾斜"命令，弹出"倾斜"对话框，如图 3-345 所示。在对话框中，"倾斜角度"选项用于设置对象倾斜的角度。在"轴"选项组中，选择"水平"单选项，对象可以水平倾斜；选择"垂直"单选项，对象可以垂直倾斜；选择"角度"单选项，可以调节倾斜的角度；"复制"按钮用于在原对象上复制一个倾斜的对象。

图 3-345

3.4.5　对象的扭曲变形

在 Illustrator CC 2019 中，可以使用变形工具组对需要变形的对象进行扭曲变形，如图 3-346 所示。

1. 使用宽度工具

选择"宽度"工具，将鼠标指针放到对象中适当的位置，如图 3-347 所示，在对象上拖曳鼠标指针，如图 3-348 所示，就可以调整对象的描边宽度，松开鼠标，效果如图 3-349 所示。

图 3-346　　　　　图 3-347　　　　　　　图 3-348　　　　　　图 3-349

在宽度点上双击鼠标，弹出"宽度点数编辑"对话框，如图 3-350 所示，在对话框中"边线 1"和"边线 2"选项分别用于设置两条边线的宽度，单击右侧的"按比例宽度调整"按钮链接两条边线，可同时调整其宽度，"总宽度"选项用于设置两条边线的总宽度。"调整邻近的宽度点数"选项用于调整邻近两条边线间的宽度点数。

图 3-350

2. 使用变形工具

选择"变形"工具，将鼠标指针放到对象中的适当位置，如图 3-351 所示，在对象上拖曳鼠标指针，如图 3-352 所示，就可以进行扭曲变形操作，效果如图 3-353 所示。

双击"变形"工具，弹出"变形工具选项"对话框，如图 3-354 所示。在对话框中的"全局画笔尺寸"选项组中，"宽度"选项用于设置画笔的宽度，"高度"选项用于设置画笔的高度，"角度"选项用于设置画笔的角度，"强度"选项用于设置画笔的强度。在"变形选项"选项组中，勾选"细节"复选项可以控制变形的细节程度，勾选"简化"复选项可以控制变形的简化程度。勾选"显示画笔大小"复选项，在变形对象时会显示画笔的大小。

图 3-351　　　　　图 3-352　　　　　图 3-353　　　　　图 3-354

3. 使用旋转扭曲工具

　　选择"旋转扭曲"工具 ，将鼠标指针放到对象中适当的位置，如图 3-355 所示；在对象上拖曳鼠标指针，如图 3-356 所示，就可以进行扭转变形操作，效果如图 3-357 所示。

　　双击"旋转扭曲"工具 ，弹出"旋转扭曲工具选项"对话框，如图 3-358 所示。在"旋转扭曲选项"选项组中，"旋转扭曲速率"选项用于控制扭转变形的比例。对话框中其他选项的功能与"变形工具选项"对话框中的选项功能相同。

图 3-355　　　　　图 3-356　　　　　图 3-357　　　　　　图 3-358

4. 使用缩拢工具

　　选择"缩拢"工具 ，将鼠标指针放到对象中的适当位置，如图 3-359 所示；在对象上拖曳鼠标指针，如图 3-360 所示，就可以进行缩拢变形操作，效果如图 3-361 所示。

　　双击"缩拢"工具 ，弹出"收缩工具选项"对话框，如图 3-362 所示。在"收缩选项"选项组中，勾选"细节"复选项可以控制变形的细节程度，勾选"简化"复选项可以控制变形的简化程度。对话框中其他选项的功能与"变形工具选项"对话框中的选项功能相同。

图 3-359　　　　　　图 3-360　　　　　　图 3-361　　　　　　图 3-362

5. 使用膨胀工具

　　选择"膨胀"工具 ，将鼠标指针放到对象中适当的位置，如图 3-363 所示；在对象上拖曳鼠标指针，如图 3-364 所示，就可以进行膨胀变形操作，效果如图 3-365 所示。

　　双击"膨胀"工具 ，弹出"膨胀工具选项"对话框，如图 3-366 所示。在"膨胀选项"选项组中，勾选"细节"复选项可以控制变形的细节程度，勾选"简化"复选项可以控制变形的简化程度。对话框中其他选项的功能与"变形工具选项"对话框中的选项功能相同。

　　图 3-363　　　　　　图 3-364　　　　　　图 3-365　　　　　　图 3-366

6. 使用扇贝工具

　　选择"扇贝"工具 ，将鼠标指针放到对象中的适当位置，如图 3-367 所示；在对象上拖曳鼠标指针，如图 3-368 所示，就可以变形对象，效果如图 3-369 所示。

　　双击"扇贝"工具 ，弹出"扇贝工具选项"对话框，如图 3-370 所示。在"扇贝选项"选项组中，"复杂性"选项用于控制变形的复杂性；勾选"细节"复选项可以控制变形的细节程度；勾选"画笔影响锚点"复选项，画笔的大小会影响锚点；勾选"画笔影响内切线手柄"复选项，画笔会影响对象的内切线；勾选"画笔影响外切线手柄"复选项，画笔会影响对象的外切线。对话框中其他选项的功能与"变形工具选项"对话框中的选项功能相同。

图 3-367　　　　图 3-368　　　　图 3-369　　　　图 3-370

7. 使用晶格化工具

选择"晶格化"工具 ，将鼠标指针放到对象中的适当位置，如图 3-371 所示；在对象上拖曳鼠标指针，如图 3-372 所示，就可以变形对象，效果如图 3-373 所示。

双击"晶格化"工具 ，弹出"晶格化工具选项"对话框，如图 3-374 所示。对话框中选项的功能与"扇贝工具选项"对话框中的选项功能相同。

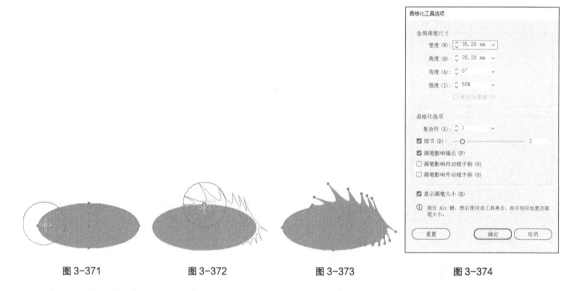

图 3-371　　　　图 3-372　　　　图 3-373　　　　图 3-374

8. 使用皱褶工具

选择"皱褶"工具 ，将鼠标指针放到对象中的适当位置，如图 3-375 所示；在对象上拖曳鼠标指针，如图 3-376 所示，就可以进行折皱变形操作，效果如图 3-377 所示。

双击"皱褶"工具 ，弹出"皱褶工具选项"对话框，如图 3-378 所示。在"皱褶选项"选项组中，"水平"选项用于控制变形的水平比例，"垂直"选项用于控制变形的垂直比例。对话框中其他选项的功能与"扇贝工具选项"对话框中的选项功能相同。

图 3-375　　　　　图 3-376　　　　　图 3-377　　　　　　　图 3-378

3.4.6　复制、剪切和删除对象

1. 复制对象

在 Illustrator CC 2019 中可以采取多种方法复制对象。下面介绍对象复制的多种方法。

（1）使用"编辑"菜单命令复制对象。

选取要复制的对象，效果如图 3-379 所示，选择"编辑 > 复制"命令（组合键为 Ctrl+C），对象的副本将被放置在剪贴板中。

选择"编辑 > 粘贴"命令（组合键为 Ctrl+V），对象的副本将被粘贴到要复制对象的旁边，复制的效果如图 3-380 所示。

图 3-379　　　　　　　图 3-380

（2）使用鼠标右键弹出式命令复制对象。

选取要复制的对象，在对象上单击鼠标右键，弹出快捷菜单，选择"变换 > 移动"命令，弹出"移动"对话框，如图 3-381 所示；单击"复制"按钮，可以复制一个选中的对象，效果如图 3-382 所示。

接着在对象上再次单击鼠标右键，弹出快捷菜单，选择"变换 > 再次变换"命令（组合键为 Ctrl+D），对象将按"移动"对话框中的设置再次进行复制，效果如图 3-383 所示。

图 3-381

图 3-382

图 3-383

（3）使用拖曳鼠标指针的方式复制对象。

选取要复制的对象，按住 Alt 键，在对象上拖曳鼠标指针，出现对象的蓝色虚线效果，移动虚线到需要的位置，释放鼠标左键，复制出一个选取的对象。

也可以在两个不同的绘图页面中复制对象，使用鼠标指针拖曳其中一个绘图页面中的对象到另一个绘图页面中，释放鼠标左键完成复制。

2. 剪切对象

选中要剪切的对象，选择"编辑 > 剪切"命令（组合键为 Ctrl+X），对象将从页面中删除并被放置在剪贴板中。

3. 删除对象

在 Illustrator CC 2019 中，删除对象的方法很简单，下面进行具体介绍。

选中要删除的对象，选择"编辑 > 清除"命令（快捷键为 Delete），就可以将选中的对象删除。如果想删除多个或全部的对象，首先要选取这些对象，再执行"清除"命令。

3.4.7 还原和重做对象的操作

在进行设计的过程中，可能会出现错误的操作，下面介绍撤销和恢复对象的操作。

1. 还原对象的操作

选择"编辑 > 还原"命令（组合键为 Ctrl+Z），可以还原上一次的操作。连续按组合键，可以连续还原原来操作的命令。

2. 重做对象的操作

选择"编辑 > 重做"命令（组合键为 Shift+Ctrl+Z），可以恢复上一次的操作。如果连续按两次组合键，即恢复两步操作。

3.4.8 使用"路径查找器"控制面板编辑对象

在 Illustrator CC 2019 中编辑图形时，"路径查找器"控制面板是最常用的工具之一，它包含了一组功能强大的路径编辑命令。使用"路径查找器"控制面板可以使许多简单的路径经过特定的运算形成各种复杂的路径。

选择"窗口 > 路径查找器"命令（组合键为 Shift+Ctrl+F9），弹出"路径查找器"控制面板，如图 3-384 所示。

图 3-384

1．认识"路径查找器"控制面板的按钮

在"路径查找器"控制面板的"形状模式"选项组中有 5 个按钮，从左至右分别是"联集"按钮 ▣、"减去顶层"按钮 ▣、"交集"按钮 ▣、"差集"按钮 ▣ 和"扩展"按钮。前 4 个按钮可以通过不同的组合方式在多个图形间制作出对应的复合图形，而"扩展"按钮则可以把复合图形转变为复合路径。

在"路径查找器"选项组中有 6 个按钮，从左至右分别是"分割"按钮 ▣、"修边"按钮 ▣、"合并"按钮 ▣、"裁剪"按钮 ▣、"轮廓"按钮 ▣ 和"减去后方对象"按钮 ▣。这组按钮主要是把对象分解成各个独立的部分，或者删除对象中不需要的部分。

2．使用"路径查找器"控制面板

（1）"联集"按钮 ▣。

在绘图页面中绘制两个图形对象，如图 3-385 所示。选中两个对象，如图 3-386 所示；单击"联集"按钮 ▣，从而生成新的对象，取消选取状态后的效果如图 3-387 所示。新对象的填充和描边属性与位于顶部的对象的填充和描边属性相同。

图 3-385　　　　　　　　图 3-386　　　　　　　　图 3-387

（2）"减去顶层"按钮 ▣。

在绘图页面中绘制两个图形对象，如图 3-388 所示。选中这两个对象，如图 3-389 所示；单击"减去顶层"按钮 ▣，从而生成新的对象，取消选取状态后的效果如图 3-390 所示。"减去顶层"命令可以在最下层对象的基础上，将被上层对象挡住的部分和上层的所有对象同时删除，只剩下最下层对象的剩余部分。

图 3-388　　　　　　　　图 3-389　　　　　　　　图 3-390

（3）"交集"按钮 ▣。

在绘图页面中绘制两个图形对象，如图 3-391 所示。选中这两个对象，如图 3-392 所示；单击"交集"按钮 ▣，从而生成新的对象，取消选取状态后的效果如图 3-393 所示。"交集"命令可以将图形没有重叠的部分删除，而仅仅保留重叠部分。所生成的新对象的填充和描边属性与位于顶部的对象的填充和描边属性相同。

图 3-391　　　　　　　　图 3-392　　　　　　　　图 3-393

（4）"差集"按钮 ◻ 。

在绘图页面中绘制两个图形对象，如图 3-394 所示。选中这两个对象，如图 3-395 所示；单击"差集"按钮 ◻ ，从而生成新的对象，取消选取状态后的效果如图 3-396 所示。使用"差集"命令可以删除对象间重叠的部分。所生成的新对象的填充和笔画属性与位于顶部的对象的填充和描边属性相同。

图 3-394   图 3-395   图 3-396

（5）"分割"按钮 ▣ 。

在绘图页面中绘制两个图形对象，如图 3-397 所示。选中这两个对象，如图 3-398 所示；单击"分割"按钮 ▣ ，从而生成新的对象，取消编组并分别移动图像，取消选取状态后的效果如图 3-399 所示。使用"分割"命令可以分离相互重叠的图形，从而得到多个独立的对象。所生成的新对象的填充和描边属性与位于顶部的对象的填充和描边属性相同。

图 3-397   图 3-398   图 3-399

（6）"修边"按钮 ▣ 。

在绘图页面中绘制两个图形对象，如图 3-400 所示。选中这两个对象，如图 3-401 所示；单击"修边"按钮 ▣ ，从而生成新的对象，取消编组并分别移动图像，取消选取状态后的效果如图 3-402 所示。使用"修边"命令可以删除所有对象的描边属性和被上层对象挡住的部分，新生成的对象保持原来的填充属性。

图 3-400   图 3-401   图 3-402

（7）"合并"按钮 ▣ 。

在绘图页面中绘制两个图形对象，如图 3-403 所示。选中这两个对象，如图 3-404 所示；单击"合并"按钮 ▣ ，从而生成新的对象，取消编组并分别移动图像，取消选取状态后的效果如图 3-405 所示。如果对象的填充和描边属性都相同，"合并"命令将把所有的对象组成一个整体后合为一个对象，但对象的描边色将消失；如果对象的填充和笔画属性都不相同，则"合并"命令就相当于"修边"按钮 ▣ 的功能。

（8）"裁剪"按钮 ▣ 。

在绘图页面中绘制两个图形对象，如图 3-406 所示。选中这两个对象，如图 3-407 所示，单击"裁剪"按钮 ▣ ，从而生成新的对象，取消选取状态后的效果如图 3-408 所示。"裁剪"命令的工作原理和蒙版相似，对重叠的图形来说，"裁剪"命令可以把所有放在最前面对象之外的图形部分裁剪掉，同时最前面的对象本身将消失。

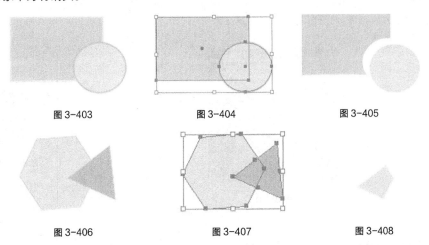

图 3-403　　　　　　　图 3-404　　　　　　　图 3-405

图 3-406　　　　　　　图 3-407　　　　　　　图 3-408

（9）"轮廓"按钮 🖳 。

　　在绘图页面中绘制两个图形对象，如图 3-409 所示。选中这两个对象，如图 3-410 所示；单击"轮廓"按钮 🖳 ，从而生成新的对象，取消选取状态后的效果如图 3-411 所示。"轮廓"命令用于勾勒出所有对象的轮廓。

图 3-409　　　　　　　图 3-410　　　　　　　图 3-411

（10）"减去后方对象"按钮 🖳 。

　　在绘图页面中绘制两个图形对象，如图 3-412 所示。选中这两个对象，如图 3-413 所示，单击"减去后方对象"按钮 🖳 ，从而生成新的对象，取消选取状态后的效果如图 3-414 所示。使用"减去后方对象"命令可以裁减位于最底层的对象之上的所有对象。

图 3-412　　　　　　　图 3-413　　　　　　　图 3-414

3.5　课堂练习——绘制夏日海滩插画

　🔍 练习知识要点

　　使用"文字"工具输入文字；使用"铅笔"工具、"直线段"工具勾画文字路径；使用"其他库"

命令导入画笔笔刷。效果如图 3-415 所示。

 效果所在位置

资源包 > Ch03 > 效果 > 绘制夏日海滩插画.ai。

图 3-415

绘制夏日海滩插画

3.6 课后习题——绘制校车

效果所在位置

使用"圆角矩形"工具、"星形"工具、"椭圆"工具绘制图形；使用"镜像"工具制作图形对称效果。效果如图 3-416 所示。

效果所在位置

资源包 > Ch03 > 效果 > 绘制校车.ai。

图 3-416

绘制校车

Illustrator CC

Chapter

4

第4章
路径的绘制和编辑

本章讲解Illustrator CC 2019中路径的相关知识和钢笔工具的使用方法，以及各种绘制和编辑路径的方法。通过对本章的学习，读者可以运用强大的路径工具绘制出各种曲线及图形。

课堂学习目标

- 了解路径和锚点的相关知识
- 熟练掌握钢笔工具的使用技巧
- 熟练掌握编辑路径的方法和技巧

4.1 认识路径和锚点

　　路径是使用绘图工具创建的直线、曲线或几何形状对象，是组成所有线条和图形的基本元素。Illustrator CC 2019 提供了多种绘制路径的工具，如"钢笔"工具、"画笔"工具、"铅笔"工具、"矩形"工具和"多边形"工具等。路径可以由一个或多个路径组成，即由锚点连接起来的一条或多条线段组成。路径本身没有宽度和颜色，当对路径添加了描边后，路径才跟随描边的宽度和颜色具有相应的属性。选择"图形样式"控制面板，可以为路径更改不同的样式。

4.1.1 路径

1. 路径的类型

　　为了满足绘图的需要，Illustrator CC 2019 中的路径又分为开放路径、闭合路径和复合路径 3 种类型。

　　开放路径的两个端点没有连接在一起，如图 4-1 所示。在对开放路径进行填充时，Illustrator CC 2019 会假定路径两端已经连接起来形成了闭合路径而对其进行填充。

　　闭合路径没有起点和终点，是一条连续的路径。可对其进行内部填充或描边填充，如图 4-2 所示。

　　复合路径是将几个开放或闭合路径进行组合而形成的路径，如图 4-3 所示。

图 4-1　　　　　　　　　图 4-2　　　　　　　　　图 4-3

2. 路径的组成

　　路径由锚点和线段组成，可以通过调整路径上的锚点或线段来改变它的形状。在曲线路径上，除起始锚点外，其他锚点均有一条或两条控制线。控制线总是与曲线上锚点所在的圆相切，控制线呈现的角度和长度决定了曲线的形状。控制线的端点称为控制点，可以通过调整控制点来对整个曲线进行调整，如图 4-4 所示。

线段
控制线
锚点
控制线
控制点

图 4-4

4.1.2 锚点

1. 锚点的基本概念

　　锚点是构成直线或曲线的基本元素。在路径上可任意添加和删除锚点。通过调整锚点可以调整路径的形状，也可以通过锚点的转换来进行直线与曲线之间的转换。

2. 锚点的类型

　　Illustrator CC 2019 中的锚点分为平滑点和角点两种类型。

　　（1）平滑点是两条平滑曲线连接处的锚点。平滑点可以使两条线段连接成一条平滑的曲线，平滑点使路径不会突然改变方向。每一个平滑点都有两条相对应的控制线，如图 4-5 所示。

　　（2）角点所处的地方，路径形状会急剧改变。角点可分为以下 3 种类型。

- 直线角点：两条直线以一个很明显的角度形成的交点。这种锚点没有控制线，如图 4-6 所示。
- 曲线角点：两条方向各异的曲线相交的点。这种锚点有两条控制线，如图 4-7 所示。
- 复合角点：一条直线和一条曲线的交点。这种锚点有一条控制线，如图 4-8 所示。

图 4-5　　　　　　　　　图 4-6　　　　　　　　　图 4-7　　　　　　　　　图 4-8

4.2 使用钢笔工具

Illustrator CC 2019 中的钢笔工具是一个非常重要的工具。使用钢笔工具可以绘制直线、曲线和任意形状的路径，可以对线段进行精确的调整，使其更加完美。

4.2.1 课堂案例——绘制可口冰淇淋

案例学习目标

学习使用"钢笔"工具、"编辑路径"命令绘制可口冰淇淋。

案例知识要点

使用"椭圆"工具、"路径查找器"命令和"钢笔"工具绘制冰淇淋球；使用"矩形"工具、"变换"控制面板、"镜像"工具、"直接选择"工具和"直线段"工具绘制冰淇淋筒。可口冰淇淋效果如图 4-9 所示。

效果所在位置

资源包 > Ch04 > 效果 > 绘制可口冰淇淋 .ai。

图 4-9

1. 绘制冰淇淋球

STEP 01 按 Ctrl+N 组合键，弹出"新建文档"对话框，设置文档的宽度为 800 px，高度为 600 px，取向为横向，颜色模式为 RGB，单击"创建"按钮，新建一个文档。

STEP 02 选择"椭圆"工具 ◯，按住 Shift 键的同时，在适当的位置绘制一

绘制冰淇淋球

个圆形，如图 4-10 所示，并在属性栏中将"描边粗细"选项设置为 13 pt，按 Enter 键确定操作，效果如图 4-11 所示。

STEP 3 保持图形选取状态。设置描边色为紫色（其 R、G、B 的值分别为 83、35、85），填充描边，效果如图 4-12 所示。并设置填充色为淡粉色（其 R、G、B 的值分别为 235、147、187），填充图形，效果如图 4-13 所示。

图 4-10   图 4-11   图 4-12   图 4-13

STEP 4 选择"椭圆"工具 ⬭，按住 Shift 键的同时，在适当的位置绘制一个圆形，效果如图 4-14 所示。选择"选择"工具 ▶，按住 Alt 键的同时，向右拖曳圆形到适当的位置，复制圆形，效果如图 4-15 所示。按住 Shift 键的同时，单击左侧圆形将其同时选取，如图 4-16 所示。

图 4-14   图 4-15   图 4-16

STEP 5 选择"窗口 > 路径查找器"命令，弹出"路径查找器"控制面板，单击"减去顶层"按钮 ⬚，如图 4-17 所示；生成新的对象，效果如图 4-18 所示。设置填充色为粉红色（其 R、G、B 的值分别为 220、120、170），填充图形，并设置描边色为无，效果如图 4-19 所示。

图 4-17   图 4-18   图 4-19

STEP 6 选择"椭圆"工具 ⬭，按住 Shift 键的同时，在适当的位置绘制一个圆形，设置填充色为粉红色（其 R、G、B 的值分别为 220、120、170），填充图形，并设置描边色为无，效果如图 4-20 所示。

STEP 7 选择"选择"工具 ▶，按住 Alt 键的同时，向右拖曳圆形到适当的位置，复制圆形，效果如图 4-21 所示。用相同的方法再复制两个圆形，效果如图 4-22 所示。

图 4-20　　　　　　　图 4-21　　　　　　　图 4-22

STEP 8 选择"椭圆"工具 ⬭ ，按住 Shift 键的同时，在适当的位置绘制一个圆形，填充图形为白色，并设置描边色为无，效果如图 4-23 所示。

STEP 9 选择"窗口 > 透明度"命令，弹出"透明度"控制面板，选项的设置如图 4-24 所示，效果如图 4-25 所示。

图 4-23　　　　　　　图 4-24　　　　　　　图 4-25

STEP 10 选择"选择"工具 ▶ ，按住 Alt 键的同时，向右下方拖曳圆形到适当的位置，复制圆形，效果如图 4-26 所示。

STEP 11 选择"钢笔"工具 ✒ ，在适当的位置分别绘制不规则图形，如图 4-27 所示。选择"选择"工具 ▶ ，按住 Shift 键的同时，同时选取所绘制的图形，填充图形为白色，并设置描边色为无，效果如图 4-28 所示。

图 4-26　　　　　　　图 4-27　　　　　　　图 4-28

STEP 12 在"透明度"控制面板中，将混合模式选项设置为"柔光"，其他选项的设置如图 4-29 所示，效果如图 4-30 所示。用相同的方法再制作一个红色冰淇淋球，效果如图 4-31 所示。

图 4-29　　　　　　　图 4-30　　　　　　　图 4-31

2. 绘制冰淇淋筒

STEP 1 选择"矩形"工具 ▭，在适当的位置绘制一个矩形，效果如图
4-32 所示。选择"直接选择"工具 ▷，选取左下角的锚点，并向右拖曳锚点到适当
的位置，效果如图 4-33 所示。向内拖曳左下角的边角构件，如图 4-34 所示，松开鼠
标后，效果如图 4-35 所示。

绘制冰淇淋筒

图 4-32　　　　　图 4-33　　　　　图 4-34　　　　　图 4-35

STEP 2 用相同的方法再绘制一个图形，效果如图 4-36 所示。选择"选择"工具 ▶，按住
Shift 键的同时，选取所绘制的图形，如图 4-37 所示。在"路径查找器"控制面板中，单击"联集"按
钮 ■，如图 4-38 所示；生成新的对象，效果如图 4-39 所示。

图 4-36　　　图 4-37　　　　　　　图 4-38　　　　　图 4-39

STEP 3 双击"镜像"工具 ▷◁，弹出"镜像"对话框，选项的设置如图 4-40 所示；单击"复
制"按钮，镜像并复制图形，效果如图 4-41 所示。选择"选择"工具 ▶，按住 Shift 键的同时，水平
向右拖曳复制的图形到适当的位置，效果如图 4-42 所示。

图 4-40　　　　　　　　图 4-41　　　　　　图 4-42

STEP **04** 选择 "选择" 工具 ▶，按住 Shift 键，单击原图形将其同时选取，如图 4-43 所示。在 "路径查找器" 控制面板中，单击 "联集" 按钮 ■，生成新的对象，效果如图 4-44 所示。

图 4-43　　　　　　　　　图 4-44

STEP **05** 保持图形选取状态。在属性栏中将 "描边粗细" 选项设置为 13 pt，按 Enter 键确定操作，效果如图 4-45 所示。设置描边色为紫色（其 R、G、B 的值分别为 83、35、85），填充描边；并设置填充色为橘黄色（其 R、G、B 的值分别为 236、175、70），填充图形，效果如图 4-46 所示。

图 4-45　　　　　　　　　图 4-46

STEP **06** 选择 "直线段" 工具 ╱，按住 Shift 键的同时，在适当的位置绘制一条直线，设置描边色为紫色（其 R、G、B 的值分别为 83、35、85），填充描边，效果如图 4-47 所示。

STEP **07** 选择 "窗口 > 描边" 命令，弹出 "描边" 控制面板，单击 "端点" 选项中的 "圆头端点" 按钮 ⊂，其他选项的设置如图 4-48 所示，效果如图 4-49 所示。

图 4-47　　　　　　图 4-48　　　　　　图 4-49

STEP **08** 选择 "矩形" 工具 ▭，在适当的位置绘制一个矩形，如图 4-50 所示。选择 "直接选择" 工具 ▷，选取右下角的锚点，并向左拖曳锚点到适当的位置，效果如图 4-51 所示。

STEP **09** 选取左下角的锚点，并向右拖曳锚点到适当的位置，如图 4-52 所示。向内拖曳左下角的边角构件，松开鼠标后，如图 4-53 所示。用相同的方法调整左上角锚点的边角构件，如图 4-54 所示。

STEP **10** 选择 "选择" 工具 ▶，选取图形，设置填充色为浅黄色（其 R、G、B 的值分别为 245、197、92），填充图形，并设置描边色为无，效果如图 4-55 所示。

图 4-50 图 4-51 图 4-52

图 4-53 图 4-54 图 4-55

STEP 11 用相同的方法绘制另一个图形，并填充相应的颜色，效果如图 4-56 所示。选择 "矩形" 工具 ▣，在适当的位置绘制一个矩形，如图 4-57 所示。并在属性栏中将 "描边粗细" 选项设置为 13 pt，按 Enter 键确定操作，效果如图 4-58 所示。

图 4-56 图 4-57 图 4-58

STEP 12 选择 "窗口 > 变换" 命令，弹出 "变换" 控制面板，在 "矩形属性："选项组中，将 "圆角半径" 选项均设为 11 px，如图 4-59 所示；按 Enter 键确定操作，效果如图 4-60 所示。设置描边色为紫色（其 R、G、B 的值分别为 83、35、85），填充描边，效果如图 4-61 所示。

图 4-59 图 4-60 图 4-61

STEP 13 选择"直线段"工具 ，按住 Shift 键的同时，在适当的位置绘制一条直线，设置描边色为浅黄色（其 R、G、B 的值分别为 245、197、92），填充描边，效果如图 4-62 所示。

STEP 14 在"描边"控制面板中，单击"端点"选项中的"圆头端点"按钮 ，其他选项的设置如图 4-63 所示，效果如图 4-64 所示。

图 4-62　　　　　　　　图 4-63　　　　　　　　图 4-64

STEP 15 按 Ctrl+O 组合键，打开资源包中的"Ch04 > 素材 > 绘制可口冰淇淋 > 01"文件，按 Ctrl+A 组合键，全选图形，按 Ctrl+C 组合键，复制图形。选择正在编辑的页面，按 Ctrl+V 组合键，将其粘贴到页面中，选择"选择"工具 ，拖曳复制的图形到适当的位置，效果如图 4-65 所示。

STEP 16 选取右上角的蓝莓，连续按 Ctrl+ [组合键，将图形向后移至适当的位置，效果如图 4-66 所示。用相同的方法调整其他图形顺序，效果如图 4-67 所示。可口冰淇淋绘制完成。

图 4-65　　　　　　　　图 4-66　　　　　　　　图 4-67

4.2.2　绘制直线

选择"钢笔"工具 ，在页面中单击鼠标确定直线的起点，如图 4-68 所示。移动鼠标指针到需要的位置，再次单击鼠标确定直线的终点，如图 4-69 所示。

在需要的位置再连续单击确定其他锚点，就可以绘制出折线的效果，如图 4-70 所示。如果单击折线上的锚点，该锚点会被删除，折线的另外两个锚点将自动连接，如图 4-71 所示。

图 4-68　　图 4-69　　　　　　图 4-70　　　　　　　　图 4-71

4.2.3　绘制曲线

选择"钢笔"工具 ，在页面中单击并按住鼠标左键拖曳鼠标指针来确定曲线的起点。起点的两端分别出现了一条控制线，释放鼠标，效果如图 4-72 所示。移动鼠标指针到需要的位置，再次单击并按住鼠标左键进行拖曳，出现一条曲线段。拖曳鼠标指针的同时，第二个锚点两端也出现了控制线。按住鼠标不放，随着鼠标指针的移动，曲线段的形状也随之发生变化，如图 4-73 所示。释放鼠标，移动鼠标指针继续绘制。

如果连续单击并拖曳鼠标指针，可以绘制出一些连续平滑的曲线，如图 4-74 所示。

图 4-72   图 4-73   图 4-74

4.2.4　绘制复合路径

钢笔工具不但可以绘制单纯的直线或曲线，还可以绘制既包含直线又包含曲线的复合路径。

复合路径是指由两个或两个以上的开放或封闭路径所组成的路径。在复合路径中，路径间重叠在一起的公共区域被镂空，呈透明的状态，如图 4-75 和图 4-76 所示。

1．制作复合路径

图 4-75   图 4-76

（1）使用命令制作复合路径。

绘制两个图形，并选中这两个图形对象，效果如图 4-77 所示。选择"对象 > 复合路径 > 建立"命令（组合键为 Ctrl+8），可以看到两个对象成为复合路径后的效果，如图 4-78 所示。

（2）使用弹出式菜单制作复合路径。

绘制两个图形，并选中这两个图形对象，右键单击选中的对象，在弹出的菜单中选择"建立复合路径"命令，两个对象成为复合路径。

2．复合路径与编组的区别

虽然使用"编组选择"工具 ▷ 也能将组成复合路径的各个路径单独选中，但复合路径和编组是有区别的。编组是一组组合在一起的对象，其中的每个对象都是独立的，各个对象可以有不同的外观属性；而所有包含在复合路径中的路径都被认为是一条路经，整个复合路径中只能有一种填充和描边属性。复合路径与编组的差别如图 4-79 和图 4-80 所示。

图 4-77   图 4-78   图 4-79   图 4-80

3．释放复合路径

（1）使用命令释放复合路径。

选中复合路径，选择"对象 > 复合路径 > 释放"命令（组合键为 Alt +Shift+Ctrl+8），可以释放复合路径。

（2）使用弹出式菜单释放复合路径。

选中复合路径，并单击鼠标右键，在弹出的菜单中选择"释放复合路径"命令，可以释放复合路径。

4.3 编辑路径

Illustrator CC 2019 的工具箱中包括很多路径编辑工具，可以应用这些工具对路径进行变形、转换和剪切等编辑操作。

4.3.1 添加、删除、转换锚点

按住"钢笔"工具 ✎ 不放，将展开钢笔工具组，如图 4-81 所示。

1. 添加锚点工具

绘制一段路径，如图 4-82 所示。选择"添加锚点"工具 ✎⁺ ，在路径上面的任意位置单击，路径上就会增加一个新的锚点，如图 4-83 所示。

图 4-81   图 4-82   图 4-83

2. 删除锚点工具

绘制一段路径，如图 4-84 所示。选择"删除锚点"工具 ✎⁻ ，在路径上面的任意一个锚点上单击，该锚点就会被删除，如图 4-85 所示。

图 4-84   图 4-85

3. 转换锚点工具

绘制一段闭合的圆形路径，如图 4-86 所示。选择"锚点"工具 ⌐ ，单击路径上的锚点，锚点就会被转换，如图 4-87 所示。拖曳锚点可以编辑路径的形状，效果如图 4-88 所示。

图 4-86   图 4-87   图 4-88

4.3.2 使用剪刀、刻刀工具

1. 剪刀工具

绘制一段路径，如图4-89所示。选择"剪刀"工具 ✂，单击路径上任意一点，路径就会从单击的地方被剪刀切为两条路径，如图4-90所示。按键盘上"方向"键中的"向下"键，移动裁切的锚点，即可看见裁切后的效果，如图4-91所示。

图4-89　　　　　　　　图4-90　　　　　　　　图4-91

2. 刻刀工具

绘制一段闭合路径，如图4-92所示。选择"刻刀"工具 ✐，在需要的位置单击并按住鼠标左键从路径的上方至下方拖曳出一条线，如图4-93所示。释放鼠标左键，闭合路径被裁切为两个闭合路径，效果如图4-94所示。选择"选择"工具 ▶，选中路径的右半部，按键盘上的"方向"键中的"向右"键，移动路径，如图4-95所示。可以看见路径被裁切为两部分，效果如图4-96所示。

图4-92　　　　　图4-93　　　　　图4-94　　　　　图4-95　　　　　图4-96

4.4 使用路径命令

在Illustrator CC 2019中，除了能够使用工具箱中的各种编辑工具对路径进行编辑外，还可以应用路径菜单中的命令对路径进行编辑。选择"对象 > 路径"子菜单，其中包括11个编辑命令："连接"命令、"平均"命令、"轮廓化描边"命令、"偏移路径"命令、"反转路径方向"命令、"简化"命令、"添加锚点"命令、"移去锚点"命令、"分割下方对象"命令、"分割为网格"命令、"清理"命令，如图4-97所示。

图4-97

4.4.1 课堂案例——绘制播放图标

案例学习目标

学习使用"绘图"工具、"路径"命令绘制播放图标。

案例知识要点

使用"椭圆"工具、"缩放"命令、"偏移路径"命令、"多边形"工具和"变换"控制面板绘制播放图标。效果如图4-98所示。

效果所在位置

资源包 > Ch04 > 效果 > 绘制播放图标 .ai。

绘制播放图标

图 4-98

STEP 1 按 Ctrl+N 组合键，弹出"新建文档"对话框，设置文档的宽度为 1024 px，高度为 1024 px，取向为横向，颜色模式为 RGB，单击"创建"按钮，新建一个文档。

STEP 2 选择"椭圆"工具 ，按住 Shift 键的同时，在页面中绘制一个圆形，设置填充色为蓝色（其 R、G、B 的值分别为 102、117、253），填充图形，并设置描边色为无，效果如图 4-99 所示。

STEP 3 选择"对象 > 变换 > 缩放"命令，在弹出的"比例缩放"对话框中进行设置，如图 4-100 所示；单击"复制"按钮，缩小并复制圆形，效果如图 4-101 所示。

图 4-99　　　　　　　　　图 4-100　　　　　　　　　图 4-101

STEP 4 保持图形选取状态。设置填充色为草绿色（其 R、G、B 的值分别为 107、255、54），填充图形，如图 4-102 所示。选择"选择"工具 ，向左上角拖曳圆形到适当的位置，如图 4-103 所示。

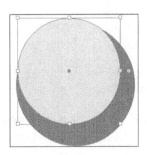

图 4-102　　　　　　　　　图 4-103

STEP 5 选择"圆角矩形"工具 ▢ ，在页面中单击鼠标左键，弹出"圆角矩形"对话框，选项的设置如图 4-104 所示，单击"确定"按钮，出现一个圆角矩形。选择"选择"工具 ▶ ，拖曳圆角矩形到适当的位置，效果如图 4-105 所示。

图 4-104   图 4-105

STEP 6 保持图形选取状态。设置填充色为浅绿色（其 R、G、B 的值分别为 73、234、56），填充图形，并设置描边色为无，效果如图 4-106 所示。选择"窗口 > 变换"命令，弹出"变换"控制面板，将"旋转"选项设置为 48°，如图 4-107 所示；按 Enter 键确定操作，效果如图 4-108 所示。

图 4-106   图 4-107   图 4-108

STEP 7 选择"镜像"工具 ▷◁ ，按住 Alt 键的同时，在适当的位置单击，如图 4-109 所示；弹出"镜像"对话框，选项的设置如图 4-110 所示；单击"复制"按钮，镜像并复制图形，效果如图 4-111 所示。

图 4-109   图 4-110   图 4-111

STEP 8 选择"椭圆"工具 ◯ ，按住 Shift 键的同时，在适当的位置绘制一个圆形，设置填充色为浅绿色（其 R、G、B 的值分别为 73、234、56），填充图形，并设置描边色为无，如图 4-112 所示。

STEP 09 选择"选择"工具 ▶，按住 Alt+Shift 组合键的同时，水平向右拖曳圆形到适当的位置，复制圆形，效果如图 4-113 所示。按住 Shift 键的同时，依次单击同时选取绘制的图形，按 Ctrl+[组合键，将图形后移一层，效果如图 4-114 所示。

图 4-112　　　　　　　　　　图 4-113　　　　　　　　　　图 4-114

STEP 10 选取草绿色圆形，选择"对象 > 路径 > 偏移路径"命令，在弹出的"偏移路径"对话框中进行设置，如图 4-115 所示；单击"确定"按钮，效果如图 4-116 所示。设置填充色为深绿色（其 R、G、B 的值分别为 43、204、36），填充图形，并设置描边色为无，效果如图 4-117 所示。

图 4-115　　　　　　　　　　图 4-116　　　　　　　　　　图 4-117

STEP 11 用相同的方法制作其他圆形，并填充相应的颜色，效果如图 4-118 所示。选择"多边形"工具 ⬡，在页面中单击，在弹出的"多边形"对话框中进行设置，如图 4-119 所示；单击"确定"按钮，得到一个三角形，选择"选择"工具 ▶，拖曳圆角矩形到适当的位置，填充图形为白色，并设置描边色为无，效果如图 4-120 所示。

图 4-118　　　　　　　　　　图 4-119　　　　　　　　　　图 4-120

STEP 12 在"变换"控制面板中，在"多边形属性："选项组中，将"圆角半径"选项设置为 50px，其他选项的设置如图 4-121 所示；按 Enter 键确定操作，效果如图 4-122 所示。播放图标绘制完成，效果如图 4-123 所示。

图 4-121   图 4-122   图 4-123

4.4.2 使用"连接"命令

"连接"命令可以将开放路径的两个端点用一条直线段连接起来，从而形成新的路径。如果连接的两个端点在同一条路径上，将形成一条新的闭合路径；如果连接的两个端点在不同的开放路径上，将形成一新的开放路径。

选择"直接选择"工具，用圈选的方法选择要进行连接的两个端点，如图 4-124 所示。

图 4-124   图 4-125

选择"对象 > 路径 > 连接"命令（组合键为 Ctrl+J），两个端点之间将出现一条直线段，把开放路径连接起来，效果如图 4-125 所示。

 提示

如果在两条路径间进行连接，这两条路径必须属于同一个组。文本路径中的终止点不能连接。

4.4.3 使用"平均"命令

"平均"命令可以将路径上的所有点按一定的方式平均分布，应用该命令可以制作对称的图案。

选择"直接选择"工具，选中要进行平均分布的锚点，如图 4-126 所示，选择"对象 > 路径 > 平均"命令（组合键为 Ctrl+Alt+J），弹出"平均"对话框，对话框中包括3个选项，如图 4-127 所示。"水平"单选项可以将选定的锚点按水平方向进行平均分布处理，在"平均"对话框中，选择"水平"单选项，单击"确定"按钮，选中的锚点将在水平方向进行对齐，效果如图 4-128 所示；"垂直"单选项可以将选定的锚点按垂直方向进行平均分布处理，图 4-129 所示为选择"垂直"单选项单击"确定"按钮后选中的锚点的效果；选择"两者兼有"单选项，可以将选定的锚点按水平和垂直两个方向进行平均分布处理，图 4-130 所示为选择"两者兼有"单选项，单击"确定"按钮后选中的锚点的效果。

图 4-126   图 4-127   图 4-128   图 4-129   图 4-130

4.4.4 使用"轮廓化描边"命令

"轮廓化描边"命令可以在已有描边的两侧创建新的路径。可以理解为新路径由两条路径组成，这两条路径分别是原来对象描边两侧的边缘。不论对开放路径还是对闭合路径，使用"轮廓化描边"命令，得到的都将是闭合路径。

使用"铅笔"工具 绘制出一条路径，选中路径对象，如图 4-131 所示。选择"对象 > 路径 > 轮廓化描边"命令，创建对象的描边轮廓，效果如图 4-132 所示。

图 4-131　　　　　　　　　图 4-132

4.4.5 使用"偏移路径"命令

"偏移路径"命令可以围绕已有路径的外部或内部勾画一条新的路径，新路径与原路径之间偏移的距离可以按需要设置。

选中要偏移的对象，如图 4-133 所示。选择"对象 > 路径 > 偏移路径"命令，弹出"偏移路径"对话框，如图 4-134 所示。"位移"选项用来设置偏移的距离，设置的数值为正，新路径在原始路径的外部；设置的数值为负，新路径在原始路径的内部。"连接"选项用于设置新路径拐角上不同的连接方式。"斜接限制"选项会影响到连接区域的大小。

图 4-133

设置"位移"选项中的数值为正时，偏移效果如图 4-135 所示。设置"位移"选项中的数值为负时，偏移效果如图 4-136 所示。

图 4-134　　　　　　　　图 4-135　　　　　　　　图 4-136

4.4.6 使用"反转路径方向"命令

"反转路径方向"命令可以把复合路径的终点转换为起点。

选中要反转的路径，如图 4-137 所示。选择"对象 > 路径 > 反转路径方向"命令，反转路径，变终点为起点，如图 4-138 所示。

图 4-137　　　　　　　　　图 4-138

4.4.7 使用"简化"命令

"简化"命令可以在尽量不改变图形原始形状的基础上通过删去多余的锚点来简化路径，为修改和编辑路径提供了方便。

打开一幅 AI 格式的图像。选中这幅图像，可以看见图像上存在大量的锚点，如图 4-139 所示。

选择"对象 > 路径 > 简化"命令，弹出"简化"对话框，如图 4-140 所示。在对话框中，"曲线精度"选项用于设置路径简化的精度。"角度阈值"选项用来处理尖锐的角点。勾选"直线"复选项，将在每对锚点间绘制一条直线。勾选"显示原路径"复选项，在预览简化后的效果时，将显示出原始路径以作对比。单击"确定"按钮，进行简化后的路径与原始图像相比，外观更加平滑，路径上的锚点数目也减少了，如图 4-141 所示。

图 4-139   图 4-140   图 4-141

4.4.8 使用"添加锚点"命令

"添加锚点"命令可以给选定的路径增加锚点，执行一次该命令可以在两个相邻的锚点中间添加一个锚点。重复该命令，可以添加更多的锚点。

选中要添加锚点的对象，如图 4-142 所示。选择"对象 > 路径 > 添加锚点"命令，添加锚点后的效果如图 4-143 所示。重复多次"添加锚点"命令，得到的效果如图 4-144 所示。

图 4-142   图 4-143   图 4-144

4.4.9 使用"分割下方对象"命令

"分割下方对象"命令可以使用已有的路径切割位于它下方的封闭路径。

（1）用开放路径分割对象。

选择一个对象作为被切割对象，如图 4-145 所示。制作一个开放路径作为切割对象，将其放在被切割对象之上，如图 4-146 所示。选择"对象 > 路径 > 分割下方对象"命令，切割后移动对象，得到新的切割后的对象，效果如图 4-147 所示。

图 4-145　　　　　　　图 4-146　　　　　　　图 4-147

（2）用闭合路径分割对象。

选择一个对象作为被切割对象，如图 4-148 所示。制作一个闭合路径作为切割对象，将其放在被切割对象之上，如图 4-149 所示。选择"对象 > 路径 > 分割下方对象"命令。切割后移动对象，得到新的切割后的对象，效果如图 4-150 所示。

图 4-148　　　　　　　图 4-149　　　　　　　图 4-150

4.4.10　使用"分割为网格"命令

"分割为网格"命令可以将一个或多个对象分割为按行和列排列的网格对象。

选择一个对象，如图 4-151 所示。选择"对象 > 路径 > 分割为网格"命令，弹出"分割为网格"对话框，如图 4-152 所示。在对话框的"行"选项组中，"数量"选项用于设置对象的行数；"列"选项组中，"数量"选项用于设置对象的列数。单击"确定"按钮，效果如图 4-153 所示。

图 4-151　　　　　　　图 4-152　　　　　　　图 4-153

4.4.11　使用"清理"命令

"清理"命令可以为当前文档删除 3 种多余的对象：游离点、未上色对象和空文本路径。

选择"对象 > 路径 > 清理"命令，弹出"清理"对话框，如图 4-154 所示。在对话框中，勾选"游离点"复选项，可以删除所有的游离点。游离点是一些可以有路径属性但不能打印的点，使用钢笔工具有时会产生游离点。勾选"未上色对象"复选项，可以删除所有没有填充色和笔画色的对象，但不能删除蒙版对象。勾选"空文本路径"复选项，可以删除所有没有字符的文本路径。设置完成后，单击"确定"按钮。系统将会自动清理当前文档。如果文档中没有上述类型的对象，就会弹出一个提示对话框，提示当前文档无须清理，如图 4-155 所示。

图 4-154　　　　　　　　图 4-155

4.5 课堂练习——绘制网页 Banner 卡通人物

练习知识要点

使用"钢笔"工具、"渐变"工具绘制网页 Banner 卡通人物。效果如图 4-156 所示。

效果所在位置

资源包 > Ch04 > 效果 > 绘制网页 Banner 卡通人物 .ai。

绘制网页 Banner 卡通人物

图 4-156

4.6 课后习题——绘制婴儿贴

习题知识要点

使用"多边形"工具、"圆角"命令制作婴儿贴底部；使用"偏移路径"命令创建外部路径；使用"椭圆"工具、"简化"命令制作腮红；使用"文字"工具添加文字。效果如图 4-157 所示。

效果所在位置

资源包 > Ch04 > 效果 > 绘制婴儿贴 .ai。

绘制婴儿贴

图 4-157

5

第5章
图形对象的组织

Illustrator CC 2019的功能包括对象的对齐与分布、前后顺序、编组、锁定与隐藏等特性。这些特性对组织图形对象而言是非常有用的。本章主要讲解对象的对齐、分布、顺序，以及控制等内容。通过学习本章的内容，读者可以高效、快速地对齐、分布、组合和控制多个对象，使对象在页面中更加有序，工作更加得心应手。

课堂学习目标

- 掌握对象的对齐与分布的操作方法
- 掌握对象与图层的顺序
- 熟练掌握控制对象的方法与技巧

5.1 对象的对齐和分布

应用"对齐"控制面板可以快速有效地对齐或分布多个图形。选择"窗口 > 对齐"命令，弹出"对齐"控制面板，如图 5-1 所示。单击控制面板右上方的图标 ≡，在弹出的菜单中选择"显示选项"命令，弹出"分布间距"选项组，如图 5-2 所示。单击"对齐"控制面板右下方的"对齐"按钮 ⊞，弹出其下拉菜单，如图 5-3 所示。

图 5-1   图 5-2   图 5-3

5.1.1 课堂案例——制作寿司店海报

🔍 案例学习目标

学习使用对齐控制面板制作寿司店海报。

🔍 案例知识要点

使用"置入"命令置入素材图片；使用"对齐"控制面板对齐图片；使用"矩形"工具、"剪切蒙版"命令制作图片蒙版效果；使用"文字"工具、"字符"控制面板添加宣传信息。寿司店海报效果如图 5-4 所示。

🔍 效果所在位置

资源包 > Ch05 > 效果 > 制作寿司店海报 .ai。

图 5-4

制作寿司店海报

STEP 🔽1 按 Ctrl+N 组合键，弹出"新建文档"对话框，设置文档的宽度为 1080 px，高度为 1440 px，取向为竖向，颜色模式为 RGB，单击"创建"按钮，新建一个文档。

STEP 🔽2 选择"文件 > 置入"命令，弹出"置入"对话框，选择资源包中的"Ch05 > 素材 > 制作寿司店海报 > 01"文件，单击"置入"按钮，在页面中单击置入图片，单击属性栏中的"嵌入"按钮，嵌入图片。选择"选择"工具 ▶，拖曳图片到适当的位置，效果如图 5-5 所示。按 Ctrl+2 组合键，锁定所选对象。

STEP 3 按 Ctrl+O 组合键，打开资源包中的"Ch05 > 素材 > 制作寿司店海报 > 02"文件，按 Ctrl+A 组合键，全选图片。按 Ctrl+C 组合键，复制图片。选择正在编辑的页面，按 Ctrl+V 组合键，将其粘贴到页面中，选择"选择"工具 ，并拖曳复制的图片到适当的位置，效果如图 5-6 所示。

图 5-5　　　　　　　　　　　图 5-6

STEP 4 用框选的方法同时选取第一排图片，如图 5-7 所示，选择"窗口 > 对齐"命令，弹出"对齐"控制面板，将对齐方式设置为"对齐所选对象"，单击"垂直居中对齐"按钮 ，如图 5-8 所示，居中对齐效果如图 5-9 所示。

图 5-7　　　　　　　　　　　图 5-8　　　　　　　　　　　图 5-9

STEP 5 用框选的方法同时选取第二排图片，如图 5-10 所示；在"对齐"控制面板中，单击"垂直底对齐"按钮 ，如图 5-11 所示，底部对齐效果如图 5-12 所示。

图 5-10　　　　　　　　　　　图 5-11　　　　　　　　　　　图 5-12

STEP 6 用框选的方法同时选取第三排图片，如图 5-13 所示；在"对齐"控制面板中，单击"垂直顶对齐"按钮 ，如图 5-14 所示，顶部对齐效果如图 5-15 所示。

图 5-13

图 5-14

图 5-15

STEP 7 用框选的方法同时选取第一列图片，如图 5-16 所示；在"对齐"控制面板中，单击"水平居中对齐"按钮 ，如图 5-17 所示，居中对齐效果如图 5-18 所示。按 Ctrl+G 组合键，将第一列图片编组。

图 5-16

图 5-17

图 5-18

STEP 8 用框选的方法同时选取第二列图片，如图 5-19 所示；在"对齐"控制面板中，单击"水平右对齐"按钮 ，如图 5-20 所示，右侧对齐效果如图 5-21 所示。按 Ctrl+G 组合键，将第二列图片编组。

图 5-19

图 5-20

图 5-21

STEP 9 用框选的方法同时选取第三列图片，如图 5-22 所示；在"对齐"控制面板中，单击"水平左对齐"按钮 ，如图 5-23 所示，左侧对齐效果如图 5-24 所示。按 Ctrl+G 组合键，将第三列图片编组。

STEP 10 用框选的方法同时选取所有图片，如图 5-25 所示；再次单击第一列编组图片将其作为参照对象，如图 5-26 所示。

图 5-22　　　　　　　　　图 5-23　　　　　　　　　图 5-24

图 5-25　　　　　　　　　图 5-26

STEP 11 在"对齐"控制面板右下方的数值框中将间距值设置为 230 px，再单击"水平分布间距"按钮，如图 5-27 所示；等距离水平分布图片，效果如图 5-28 所示。按 Ctrl+G 组合键，将选中的图片编组。

图 5-27　　　　　　　　　图 5-28

STEP 12 选择"矩形"工具，绘制一个与页面大小相等的矩形，如图 5-29 所示。选择"选择"工具，按住 Shift 键，单击下方编组图片将其同时选取，如图 5-30 所示；按 Ctrl+7 组合键，建立剪切蒙版，效果如图 5-31 所示。

STEP 13 选择"文字"工具 T，在页面中分别输入需要的文字，选择"选择"工具，在属性栏中选择合适的字体并设置文字大小，效果如图 5-32 所示。按住 Shift 键，同时选取需要的文字，按 Alt+ →组合键，调整文字间距，效果如图 5-33 所示。

STEP 14 选择"直排文字"工具，在适当的位置输入需要的文字，选择"选择"工具，在属性栏中选择合适的字体并设置文字大小，效果如图 5-34 所示。

图 5-29　　　　　　　图 5-30　　　　　　　图 5-31

图 5-32　　　　　　　图 5-33　　　　　　　图 5-34

STEP 15 选取文字"寿司店"，按 Ctrl+T 组合键，弹出"字符"控制面板，将"设置所选字符的字距调整" 选项设置为 50，其他选项的设置如图 5-35 所示；按 Enter 键确定操作，效果如图 5-36 所示。设置填充色为深蓝色（其 R、G、B 的值分别为 94、129、142），填充文字，效果如图 5-37 所示。

图 5-35　　　　　　　图 5-36　　　　　　　图 5-37

STEP 16 选取右侧需要的文字，在"字符"控制面板中，将"设置行距" 选项设置为 60 pt，其他选项的设置如图 5-38 所示；按 Enter 键确定操作，效果如图 5-39 所示。寿司店海报制作完成，效果如图 5-40 所示。

图 5-38　　　　　　　图 5-39　　　　　　　图 5-40

5.1.2　对齐对象

"对齐"控制面板中的"对齐对象"选项组中包括 6 种对齐命令按钮：水平左对齐按钮、水平居中对齐按钮、水平右对齐按钮、垂直顶对齐按钮、垂直居中对齐按钮、垂直底对齐按钮。

1．水平左对齐

以最左边对象的左边线为基准线，被选中对象的左边缘都和这条线对齐（最左边对象的位置不变）。

选取要对齐的对象，如图 5-41 所示。单击"对齐"控制面板中的"水平左对齐"按钮，所有选取的对象都将向左对齐，如图 5-42 所示。

2．水平居中对齐

以选定对象的中点为基准点对齐，所有对象在垂直方向的位置保持不变（多个对象进行水平居中对齐时，以中间对象的中点为基准点进行对齐，中间对象的位置不变）。

选取要对齐的对象，如图 5-43 所示。单击"对齐"控制面板中的"水平居中对齐"按钮，所有选取的对象都将水平居中对齐，如图 5-44 所示。

图 5-41　　　　　图 5-42　　　　　　图 5-43　　　　　图 5-44

3．水平右对齐

以最右边对象的右边线为基准线，被选中对象的右边缘都和这条线对齐（最右边对象的位置不变）。

选取要对齐的对象，如图 5-45 所示。单击"对齐"控制面板中的"水平右对齐"按钮，所有选取的对象都将水平向右对齐，如图 5-46 所示。

4．垂直顶对齐

以多个要对齐对象中最上面对象的上边线为基准线，选定对象的上边线都和这条线对齐（最上面对象的位置不变）。

选取要对齐的对象，如图 5-47 所示。单击"对齐"控制面板中的"垂直顶对齐"按钮，所有选取的对象都将向顶部对齐，如图 5-48 所示。

图 5-45　　　　　图 5-46　　　　　　图 5-47　　　　　图 5-48

5．垂直居中对齐

以多个要对齐对象的中点为基准点进行对齐，所有对象进行垂直移动，水平方向上的位置不变（多个对象进行垂直居中对齐时，以中间对象的中点为基准点进行对齐，中间对象的位置不变）。

选取要对齐的对象，如图 5-49 所示。单击"对齐"控制面板中的"垂直居中对齐"按钮 ，所有选取的对象都将垂直居中对齐，如图 5-50 所示。

6．垂直底对齐

以多个要对齐对象中最下面对象的下边线为基准线，选定对象的下边线都和这条线对齐（最下面对象的位置不变）。

选取要对齐的对象，如图 5-51 所示。单击"对齐"控制面板中的"垂直底对齐"按钮 ，所有选取的对象都将垂直向底部对齐，如图 5-52 所示。

| 图 5-49 | 图 5-50 | 图 5-51 | 图 5-52 |

5.1.3　分布对象

"对齐"控制面板中的"分布对象"选项组包括 6 种分布命令按钮：垂直顶分布按钮 、垂直居中分布按钮 、垂直底分布按钮 、水平左分布按钮 、水平居中分布按钮 、水平右分布按钮 。

1．垂直顶分布

以每个选取对象的上边线为基准线，使对象按相等的间距垂直分布。

选取要分布的对象，如图 5-53 所示。单击"对齐"控制面板中的"垂直顶分布"按钮 ，所有选取的对象将按各自的上边线，等距离垂直分布，如图 5-54 所示。

2．垂直居中分布

以每个选取对象的中线为基准线，使对象按相等的间距垂直分布。

选取要分布的对象，如图 5-55 所示。单击"对齐"控制面板中的"垂直居中分布"按钮 ，所有选取的对象将按各自的中线，等距离垂直分布，如图 5-56 所示。

| 图 5-53 | 图 5-54 | 图 5-55 | 图 5-56 |

3. 垂直底分布

以每个选取对象的下边线为基准线，使对象按相等的间距垂直分布。

选取要分布的对象，如图 5-57 所示。单击"对齐"控制面板中的"垂直底分布"按钮 ，所有选取的对象将按各自的下边线，等距离垂直分布，如图 5-58 所示。

4. 水平左分布

以每个选取对象的左边线为基准线，使对象按相等的间距水平分布。

选取要分布的对象，如图 5-59 所示。单击"对齐"控制面板中的"水平左分布"按钮 ，所有选取的对象将按各自的左边线，等距离水平分布，如图 5-60 所示。

图 5-57 图 5-58 图 5-59 图 5-60

5. 水平居中分布

以每个选取对象的中线为基准线，使对象按相等的间距水平分布。

选取要分布的对象，如图 5-61 所示。单击"对齐"控制面板中的"水平居中分布"按钮 ，所有选取的对象将按各自的中线，等距离水平分布，如图 5-62 所示。

6. 水平右分布

以每个选取对象的右边线为基准线，使对象按相等的间距水平分布。

选取要分布的对象，如图 5-63 所示。单击"对齐"控制面板中的"水平右分布"按钮 ，所有选取的对象将按各自的右边线，等距离水平分布，如图 5-64 所示。

图 5-61 图 5-62 图 5-63 图 5-64

7. 垂直分布间距

要精确指定对象间的距离，需选择"对齐"控制面板中的"分布间距"选项组，其中包括"垂直分布间距"按钮 和"水平分布间距"按钮 。

选取要对齐的多个对象，如图 5-65 所示。再单击被选取对象中的任意一个对象，该对象将作为分布其他对象时的参照，如图 5-66 所示。在"对齐"控制面板右下方的数值框中将距离数值设置为

10mm，如图 5-67 所示。单击"对齐"控制面板中的"垂直分布间距"按钮 ，所有被选取的对象将以汉堡图像按设置的数值等距离垂直分布，效果如图 5-68 所示。

图 5-65   图 5-66   图 5-67   图 5-68

8. 水平分布间距

选取要对齐的对象，如图 5-69 所示。再单击被选取对象中的任意一个对象，该对象将作为分布其他对象时的参照，如图 5-70 所示。在"对齐"控制面板右下方的数值框中将距离数值设置为 3mm，如图 5-71 所示。单击"对齐"控制面板中的"水平分布间距"按钮 ，所有被选取的对象将以樱桃面包图像作为参照按设置的数值等距离水平分布，效果如图 5-72 所示。

图 5-69   图 5-70   图 5-71   图 5-72

5.1.4 用网格对齐对象

选择"视图 > 显示网格"命令（组合键为 Ctrl+ "），页面上显示出网格，如图 5-73 所示。

单击字母 B 图像并按住鼠标向右拖曳，使字母 B 图像的左边线和上方字母 A 图像的左边线垂直对齐，如图 5-74 所示。单击下方字母 C 图像并按住鼠标向左拖曳，使字母 C 图像的左边线和上方字母 B 图像的右边线垂直对齐，如图 5-75 所示。

图 5-73   图 5-74   图 5-75

5.1.5　用辅助线对齐对象

选择"视图 > 标尺 > 显示标尺"命令（组合键为 Ctrl+R），页面上将显示出标尺，如图 5-76 所示。

选择"选择"工具 ▶，单击页面左侧的标尺，按住鼠标不放并向右拖曳，拖曳鼠标指针绘制一条垂直的辅助线，将辅助线放在要对齐对象的左边线上，如图 5-77 所示。

单击下方图像并按住鼠标不放向左拖曳，使图像的左边线和上方图像的左边线对齐，如图 5-78 所示。释放鼠标，对齐后的效果如图 5-79 所示。

图 5-76　　　　　　图 5-77　　　　　　图 5-78　　　　　　图 5-79

5.2 对象和图层的顺序

对象之间存在堆叠的关系，后绘制的对象一般显示在先绘制的对象之上，在实际操作中，可以根据需要通过图层的排列顺序改变对象的排序。

5.2.1　对象的顺序

选择"对象 > 排列"命令，其子菜单包括 5 个命令：置于顶层、前移一层、后移一层、置于底层和发送至当前图层，使用这些命令可以改变图形对象的排序。对象间堆叠的效果如图 5-80 所示。

排列对象的方法为：选中要排序的对象，在页面中单击鼠标右键，在弹出的快捷菜单中选择"排列"命令；还可以应用组合键命令来排列对象。

1. 置于顶层

将选取的图像移到所有图像的顶层。选取要移动的图像，如图 5-81 所示。在页面中单击鼠标右键，弹出其快捷菜单，在"排列"命令的子菜单中选择"置于顶层"命令，图像被排到顶层，如图 5-82 所示。

图 5-80　　　　　　图 5-81　　　　　　图 5-82

2. 前移一层

将选取的图像向前移过一个图像。选取要移动的图像，如图 5-83 所示。在页面中单击鼠标右键，弹出其快捷菜单，在"排列"命令的子菜单中选择"前移一层"命令，图像被向前移动一层，如图 5-84 所示。

3. 后移一层

将选取的图像向后移过一个图像。选取要移动的图像，如图 5-85 所示。在页面中单击鼠标右键，弹出其快捷菜单，在"排列"命令的子菜单中选择"后移一层"命令，图像被向后移动一层，如图 5-86 所示。

图 5-83   图 5-84   图 5-85   图 5-86

4. 置于底层

将选取的图像移到所有图像的底层。选取要移动的图像，如图 5-87 所示。在页面中单击鼠标右键，弹出其快捷菜单，在"排列"命令的子菜单中选择"置于底层"命令，图像将被排到最后面，如图 5-88 所示。

图 5-87   图 5-88

5. 发送至当前图层

选择"图层"控制面板，在"图层 1"上新建"图层 2"，如图 5-89 所示。选取要发送到当前图层的图像，如图 5-90 所示；这时"图层 1"变为当前图层，如图 5-91 所示。

图 5-89   图 5-90   图 5-91

单击"图层 2"，使"图层 2"成为当前图层，如图 5-92 所示。在页面中单击鼠标右键，弹出其快捷菜单，在"排列"命令的子菜单中选择"发送至当前图层"命令。绿色双层文件夹图像就被发送到当前图层，即"图层 2"中，页面效果如图 5-93 所示，"图层"控制面板效果如图 5-94 所示。

图 5-92

图 5-93

图 5-94

5.2.2　使用图层控制对象

1．通过改变图层的排列顺序改变图像的排序

页面中图像的排列顺序如图 5-95 所示。"图层"控制面板中排列的顺序，如图 5-96 所示。绿色双层文件夹在"图层 3"中，橙色文件夹在"图层 2"中，绿色单层文件夹在"图层 1"中。

提示

"图层"控制面板中图层的顺序越靠上，该图层中包含的图像在页面中的排列顺序就越靠前。

如想使橙色文件夹排列在绿色双层文件夹之上，选中"图层 3"并按住鼠标左键不放，将"图层 3"向下拖曳至"图层 2"的下方，如图 5-97 所示。释放鼠标后，橙色文件夹就排列到绿色双层文件夹的前面了，如图 5-98 所示。

图 5-95

图 5-96

图 5-97

图 5-98

2．在图层之间移动图像

选取要移动的绿色双层文件夹，如图 5-99 所示。在"图层 3"的右侧出现一个彩色小方块，如图 5-100 所示。单击小方块，将它拖曳到"图层 2"上，如图 5-101 所示，释放鼠标。

图 5-99

图 5-100

图 5-101

页面中的绿色双层文件夹随着"图层"控制面板中彩色小方块的移动，也移动到了页面的最前面。移动后，"图层"控制面板如图 5-102 所示，图形对象的效果如图 5-103 所示。

图 5-102

图 5-103

5.3 控制对象

在 Illustrator CC 2019 中，控制对象的方法非常灵活有效，可以将多个图形进行编组，从而组合成一个图形组。

5.3.1 课堂案例——制作钢琴演奏海报

案例学习目标

学习使用"锁定"命令和"编组"命令制作钢琴演奏海报。

案例知识要点

使用"矩形"工具、"置入"命令、"透明度"控制面板和"锁定"命令制作海报底图；使用"矩形"工具、"倾斜"工具、"编组"命令和"镜像"工具制作琴键；使用"文字"工具和字符控制面板添加内容。钢琴演奏海报效果如图 5-104 所示。

效果所在位置

资源包 > Ch05 > 效果 > 制作钢琴演奏海报 .ai。

图 5-104

制作钢琴演奏海报

STEP ☆1 按 Ctrl+N 组合键，弹出"新建文档"对话框，设置文档的宽度为 150mm，高度为 200mm，取向为竖向，颜色模式为 CMYK，单击"创建"按钮，新建一个文档。

STEP ☆2 选择"矩形"工具 ▢，绘制一个与页面大小相等的矩形，如图 5-105 所示。设置填充色为海蓝色（其 C、M、Y、K 的值分别为 100、98、58、27），填充图形，并设置描边色为无，效果如图 5-106 所示。

STEP 03 选择"文件 > 置入"命令，弹出"置入"对话框，选择资源包中的"Ch05 > 素材 > 制作钢琴演奏海报 > 01"文件，单击"置入"按钮，将图片置入页面中。单击属性栏中的"嵌入"按钮，嵌入图片。选择"选择"工具 ▶，拖曳图片到适当的位置，效果如图 5-107 所示。

图 5-105　　　　　　　　图 5-106　　　　　　　　图 5-107

STEP 04 选择"窗口 > 透明度"命令，弹出"透明度"控制面板，将混合模式设置为"正片叠底"，"不透明度"选项设置为 40%，如图 5-108 所示；按 Enter 键确定操作，效果如图 5-109 所示。按 Ctrl+A 组合键，全选图形，按 Ctrl+2 组合键，锁定所选对象。选择"矩形"工具 ▢，在适当的位置绘制一个矩形，填充图形为白色，并设置描边色为无，效果如图 5-110 所示。

图 5-108　　　　　　　　图 5-109　　　　　　　　图 5-110

STEP 05 双击"倾斜"工具 ▱，弹出"倾斜"对话框，选项的设置如图 5-111 所示；单击"确定"按钮，倾斜图形，效果如图 5-112 所示。

图 5-111　　　　　　　　　图 5-112

STEP ☆6 选择"选择"工具 ▶，按住 Alt 键的同时，分别向右拖曳矩形到适当的位置，复制出 2 个矩形，效果如图 5-113 所示。用相同的方法再绘制一个倾斜矩形，效果如图 5-114 所示。

STEP ☆7 用框选的方法同时选取所绘制的矩形，按 Ctrl+G 组合键，将其编组，如图 5-115 所示。选择"选择"工具 ▶，按住 Alt+Shift 组合键的同时，水平向右拖曳编组图形到适当的位置，复制编组图形，效果如图 5-116 所示。连续按 Ctrl+D 组合键，复制出多个图形，效果如图 5-117 所示。

STEP ☆8 选择第 2 个编组图形，双击"镜像"工具 ▷◁，弹出"镜像"对话框，选项的设置如图 5-118 所示；单击"确定"按钮，水平翻转图形，效果如图 5-119 所示。

图 5-113

图 5-114

图 5-115

图 5-116

图 5-117

图 5-118

图 5-119

STEP ☆9 选择"选择"工具 ▶，选择第 4 个编组图形，双击"镜像"工具 ▷◁，弹出"镜像"对话框，选项的设置如图 5-120 所示；单击"确定"按钮，垂直翻转图形，效果如图 5-121 所示。选择"选择"工具 ▶，选择第 4 个编组图形，向左和向下微调图形至适当的位置，效果如图 5-122 所示。

图 5-120

图 5-121

图 5-122

STEP 10 选择第 2 个编组图形，向上微调图形至适当的位置，效果如图 5-123 所示。用相同的方法制作其他琴键，效果如图 5-124 所示。

STEP 11 选择"文字"工具 T，在适当的位置分别输入需要的文字，选择"选择"工具 ▶，在属性栏中分别选择合适的字体并设置文字大小，填充文字为白色，效果如图 5-125 所示。钢琴演奏海报报制作完成。

　　图 5-123　　　　　　　　　图 5-124　　　　　　　　图 5-125

5.3.2　编组

使用"编组"命令，可以将多个对象组合在一起使其成为一个对象。使用"选择"工具 ▶，选取要编组的图像，编组之后，单击任何一个图像，其他图像都会被一起选取。

1. 创建组合

选取要编组的对象，如图 5-126 所示，选择"对象 > 编组"命令（组合键为 Ctrl+G），将选取的对象组合，选择组合后的图像中的任何一个图像，其他的图像也会同时被选取，如图 5-127 所示。

将多个对象组合后，其外观并没有变化，当对任何一个对象进行编辑时，其他对象也会随之产生相应的变化。如果需要单独编辑组合中的个别对象，而不改变其他对象的状态，可以应用"编组选择"工具 ▶ 进行选取。选择"编组选择"工具 ▶，单击要移动的对象并按住鼠标左键不放，拖曳对象到合适的位置，效果如图 5-128 所示，其他的对象并没有变化。

　　图 5-126　　　　　　　　　图 5-127　　　　　　　　图 5-128

提示

"编组"命令还可以将几个不同的组合进行进一步的组合，或在组合与对象之间进行进一步的组合。这时，原来的组合并没有消失，它与新得到的组合是嵌套的关系。组合不同图层上的对象，组合后所有的对象将自动移动到最上边对象的图层中，并形成组合。

2. 取消组合

选取要取消组合的对象，如图 5-129 所示。选择"对象 > 取消编组"命令（组合键为 Shift+Ctrl+G），取消组合的图像。取消组合后的图像，可通过单击选取任意一个图像，如图 5-130 所示。

图 5-129   图 5-130

进行一次"取消编组"命令只能取消一层组合。例如，两个组合使用"编组"命令得到一个新的组合，应用"取消编组"命令取消这个新组合后，得到两个原始的组合。

5.3.3 锁定对象

锁定对象可以防止操作时误选对象，也可以防止当多个对象重叠在一起而只选择一个对象时，其他对象也连带被选取。锁定对象包括 3 个部分：所选对象、上方所有图稿、其他图层。

1. 锁定所选对象

选取要锁定的图形，如图 5-131 所示。选择"对象 > 锁定 > 所选对象"命令（组合键为 Ctrl+2），将所选图形锁定。锁定后，当其他图像移动时，锁定对象不会随之移动，如图 5-132 所示。

2. 锁定上方所有图稿

选取蓝色图形，如图 5-133 所示。选择"对象 > 锁定 > 上方所有图稿"命令，蓝色图形之上的绿色图形和紫色图形被锁定。当移动蓝色图形时，绿色图形和紫色图形不会随之移动，如图 5-134 所示。

图 5-131   图 5-132   图 5-133   图 5-134

3. 锁定其他图层

蓝色图形、绿色图形、紫色图形分别在不同的图层上，如图 5-135 所示。选取紫色图形，如图 5-136 所示。选择"对象 > 锁定 > 其他图层"命令，在"图层"控制面板中，除了紫色图形所在的图层外，其他图层都被锁定了。被锁定图层的左边将会出现一个锁头🔒图标，如图 5-137 所示。锁定图层中的图像在页面中也都被锁定了。

4. 解除锁定

选择"对象 > 全部解锁"命令（组合键为 Alt+Ctrl+2），被锁定的图像就会被取消锁定。

图 5-135   图 5-136   图 5-137

5.3.4 隐藏对象

可以将当前不重要或已经做好的图像隐藏起来，避免妨碍其他图像的编辑。

隐藏图像包括 3 个部分：所选对象、上方所有图稿、其他图层。

1. 隐藏所选对象

选取要隐藏的图形，如图 5-138 所示。选择"对象 > 隐藏 > 所选对象"命令（组合键为 Ctrl+3），所选图形被隐藏起来，效果如图 5-139 所示。

2. 隐藏上方所有图稿

选取蓝色图形，如图 5-140 所示。选择"对象 > 隐藏 > 上方所有图稿"命令，蓝色图形之上的所有图形都被隐藏，如图 5-141 所示。

图 5-138   图 5-139   图 5-140   图 5-141

3. 隐藏其他图层

选取紫色图形，如图 5-142 所示。选择"对象 > 隐藏 > 其他图层"命令，在"图层"控制面板中，除了紫色图形所在的图层外，其他图层都被隐藏了，即眼睛 👁 图标消失了，如图 5-143 所示。其他图层中的图像在页面中都被隐藏了，效果如图 5-144 所示。

图 5-142   图 5-143   图 5-144

4. 显示所有对象

当对象被隐藏后，选择"对象 > 显示全部"命令（组合键为 Alt+Ctrl+3），所有对象都将被显示出来。

5.4 课后练习——制作家居画册内页

⊕ 练习知识要点

使用矩形工具绘制背景底图；使用锁定命令锁定所选对象；使用置入命令和对齐控制面板对齐家具图片；使用文字工具、字符控制面板添加介绍性文字；使用编组命令编组需要的图形。效果如图 5-145 所示。

⊕ 效果所在位置

资源包 > Ch05 > 效果 > 制作家居画册内页 .ai。

图 5-145

制作家居画册内页

5.5 课堂习题——制作文化传媒运营海报

⊕ 习题知识要点

使用"置入"命令、"锁定所选对象"命令添加背景；使用"文字"工具、"字符"控制面板添加宣传文字；使用"椭圆"工具、"直接选择"工具、"编组"命令和"再制"命令制作装饰图形。效果如图 5-146 所示。

⊕ 效果所在位置

资源包 > Ch05 > 效果 > 制作文化传媒运营海报 .ai。

图 5-146

制作文化传媒运营海报

Chapter

6

第6章
颜色填充与描边

本章介绍Illustrator CC 2019中填充工具和命令工具的使用方法，以及描边和符号的使用技巧。通过本章的学习，读者可以利用颜色填充和描边工具，绘制出漂亮的图形，还可把需要重复应用的图形制作成符号，以提高工作效率。

课堂学习目标

- 掌握三种色彩模式的区别与应用
- 熟练掌握不同的填充方法和技巧
- 熟练掌握描边和使用符号的技巧

6.1 色彩模式

Illustrator CC 2019 提供了 RGB、CMYK、Web 安全 RGB、HSB 和灰度 5 种色彩模式。最常用的是 RGB 模式和 CMYK 模式，其中 CMYK 是默认的色彩模式。不同的色彩模式调配颜色的基本色不尽相同。

6.1.1 RGB 模式

RGB 模式源于有色光的三原色原理。它是一种加色模式，就是通过红、绿、蓝 3 种颜色相叠加而产生更多的颜色。同时，RGB 也是色光的彩色模式。在编辑图像时，RGB 色彩模式应是最佳的选择。因为它可以提供全屏幕的多达 24 位的色彩范围。"RGB 色彩模式"控制面板如图 6-1 所示，可以在控制面板中设置 RGB 颜色。

图 6-1

6.1.2 CMYK 模式

CMYK 模式主要应用在印刷领域。它通过反射某些颜色的光并吸收另外一些颜色的光来产生不同的颜色，是一种减色模式。CMYK 代表了印刷上用的 4 种油墨：C 代表青色，M 代表洋红色，Y 代表黄色，K 代表黑色。"CMYK 色彩模式"控制面板如图 6-2 所示，可以在控制面板中设置 CMYK 颜色。

CMYK 模式是图片、插图和其他作品最常用的一种印刷方式。这是因为在印刷中通常都要先进行四色分色，出四色胶片，再进行印刷。

图 6-2

6.1.3 灰度模式

灰度模式又叫 8 位深度图。每个像素用 8 个二进制位表示，能产生 2^8（即 256 级）灰色调。当一个彩色文件被转换为灰度模式文件时，所有的颜色信息都将从文件中丢失。

灰度模式的图像中存在 256 种灰度级，灰度模式只有 1 个亮度调节滑竿，0 代表白色，100 代表黑色。灰度模式经常应用在成本相对低廉的黑白印刷中。另外，将彩色模式转换为双色调模式或位图模式时，必须先转换为灰度模式，然后由灰度模式转换为双色调模式或位图模式。"灰度模式"控制面板如图 6-3 所示，可以在其中设置灰度值。

图 6-3

6.2 颜色填充

Illustrator CC 2019 用于填充的内容包括"色板"控制面板中的单色对象、图案对象和渐变对象，以及"颜色"控制面板中的自定义颜色。另外，"色板库"提供了多种外挂的色谱、渐变对象和图案对象。

6.2.1 填充工具

应用工具箱中的"填色"和"描边"工具，可以指定所选对象的填充颜色和描边颜色。当单击按钮（快捷键为 X）时，可以切换填色显示框和描边显示框的位置。按 Shift+X 组合键时，可使选定对象的颜色在填充和描边填充之间切换。

在"填色"和"描边" 下面有 3 个按钮，它们分别是"颜色"按钮、"渐变"按钮和"无"按钮。

6.2.2 "颜色"控制面板

Illustrator CC 2019 通过"颜色"控制面板设置对象的填充颜色。单击"颜色"控制面板右上方的图标，在弹出式菜单中选择当前取色时使用的颜色模式。无论选择哪一种颜色模式，控制面板中都将显示出相关的颜色内容，如图 6-4 所示。

选择"窗口 > 颜色"命令，弹出"颜色"控制面板。"颜色"控制面板上的按钮用来进行填充颜色和描边颜色之间的互相切换。

将鼠标指针移动到取色区域，鼠标指针变为吸管形状，单击就可以选取颜色。拖曳各个颜色滑块或在各个数值框中输入有效的数值，可以调配出更精确的颜色，如图 6-5 所示。

更改或设定对象的描边颜色时，单击选取已有的对象，在"颜色"控制面板中切换到描边颜色，选取或调配出新颜色，这时新选的颜色将被应用到当前选定对象的描边中，如图 6-6 所示。

图 6-4　　　　　　　　图 6-5　　　　　　　　图 6-6

6.2.3 "色板"控制面板

选择"窗口 > 色板"命令，弹出"色板"控制面板，在"色板"控制面板中单击需要的颜色或样本，可以将其选中，如图 6-7 所示。

"色板"控制面板提供了多种颜色和图案，并且允许添加并存储自定义的颜色和图案。单击显示"色板类型"菜单按钮，可以使所有的样本显示出来；单击"色板选项"按钮，可以打开"色板选项"对话框；单击"新建颜色组"按钮，可以新建颜色组；"新建色板"按钮用于定义

图 6-7

和新建一个新的样本；"删除色板"按钮用于将选定的样本从"色板"控制面板中删除。

绘制一个图形，如图 6-8 所示，单击填色按钮，如图 6-9 所示。选择"窗口 > 色板"命令，弹出"色板"控制面板，在"色板"控制面板中单击需要的颜色或图案，来对图形内部进行填充，如图 6-10 所示。

图 6-8　　　　　　图 6-9　　　　　　图 6-10

选择"窗口 > 色板库"命令，可以调出更多的色板库。引入外部色板库，增选的多个色板库都将显示在同一个"色板"控制面板中。

在"色板"控制面板左上角的方块标有红色斜杠▱，表示无颜色填充。双击"色板"控制面板中的颜色缩略图▦时会弹出"色板选项"对话框，可以设置其颜色属性，如图6-11所示。

单击"色板"控制面板右上方的按钮▤，将弹出下拉菜单，选择其中的"新建色板"命令，如图6-12所示，可以将选中的某一颜色或样本添加到"色板"控制面板中；单击"新建色板"按钮▣，也可以将新的颜色或样本添加到"色板"控制面板中。

图6-11

图6-12

Illustrator CC 2019 除了"色板"控制面板中默认的样本外，其"色板库"中还提供了多种色板。选择"窗口 > 色板库"命令，或单击"色板"控制面板左下角的"色板库"菜单按钮▥，可以看到在其子菜单中包括了不同的样本供选择使用。

当选择"窗口 > 色板库 > 其他库"命令时，弹出"打开"对话框，可以将其他文件中的色板样本、渐变样本和图案样本导入"色板"控制面板中。

Illustrator CC 2019 增强了"色板"面板的搜索功能，可以键入颜色名称或输入 CMYK 颜色值进行搜索。"查找栏"在默认情况下不启用，单击"色板"控制面板右上方的▤按钮，在弹出的下拉菜单中选择"显示查找栏位"命令，面板上方显示查找选项。

单击"打开颜色主题面板"按钮▨，弹出"Adobe Color Themes"面板，可以试用、创建和共享在项目中使用的颜色。

单击"将选定色板和颜色组添加到我的当前库"按钮☁，可以在应用程序之间共享色板。

6.3 渐变填充

渐变填充是指两种或多种不同颜色在同一条直线上逐渐过渡填充。建立渐变填充有多种方法，可以使用"渐变"工具▦，也可以使用"渐变"控制面板和"颜色"控制面板来设置选定对象的渐变颜色，还可以使用"色板"控制面板中的渐变样本。

6.3.1 课堂案例——绘制风景插画

🔍 **案例学习目标**

学习使用"填充"面板和"渐变"工具绘制风景插画。

🔍 **案例知识要点**

使用"渐变"工具填充背景、山和土丘；使用"颜色"控制面板填充树干图形；使用"网格"工具添加并填充网格点。风景插画效果如图 6-13 所示。

 效果所在位置

资源包 > Ch06 > 效果 > 绘制风景插画 .ai。

图 6-13

绘制风景插画

STEP 按 Ctrl+O 组合键，打开资源包中的"Ch06 > 素材 > 绘制风景插画 > 01"文件，如图 6-14 所示。选择"选择"工具 ，选取背景矩形，双击"渐变"工具 ，弹出"渐变"控制面板，选中"线性渐变"按钮 ，在色带上设置两个渐变滑块，分别将渐变滑块的位置设置为 0、100，并设置 R、G、B 的值分别为 0（255、234、179）、100（235、108、40），其他选项的设置如图 6-15 所示；图形被填充为渐变色，并设置描边色为无，效果如图 6-16 所示。

图 6-14

图 6-15

图 6-16

STEP 选择"选择"工具 ，选取山峰图形，在"渐变"控制面板中，选中"线性渐变"按钮 ，在色带上设置两个渐变滑块，分别将渐变滑块的位置设置为 0、100，并设置 R、G、B 的值分别为 0（235、189、26）、100（255、234、179），其他选项的设置如图 6-17 所示；图形被填充为渐变色，并设置描边色为无，效果如图 6-18 所示。

图 6-17

图 6-18

STEP 3 选择"选择"工具 ，选取土丘图形，在"渐变"控制面板中，选中"线性渐变"按钮 ，在色带上设置两个渐变滑块，分别将渐变滑块的位置设置为 10、100，并设置 R、G、B 的值分别为 10（108、216、157）、100（50、127、123），其他选项的设置如图 6-19 所示；图形被填充为渐变色，并设置描边色为无，效果如图 6-20 所示。用相同的方法分别填充其他图形相应的渐变色，效果如图 6-21 所示。

图 6-19   图 6-20   图 6-21

STEP 4 选择"编组选择"工具 ，选取树叶图形，如图 6-22 所示；在"渐变"控制面板中，选中"线性渐变"按钮 ，在色带上设置两个渐变滑块，分别将渐变滑块的位置设置为 8、86，并设置 R、G、B 的值分别为 8（11、67、74）、86（122、255、191），其他选项的设置如图 6-23 所示；图形被填充为渐变色，并设置描边色为无，效果如图 6-24 所示。

图 6-22   图 6-23   图 6-24

STEP 5 选择"编组选择"工具 ，选取树干图形，如图 6-25 所示，选择"窗口 > 颜色"命令，在弹出的"颜色"控制面板中进行设置，如图 6-26 所示；按 Enter 键确定操作，效果如图 6-27 所示。

图 6-25   图 6-26   图 6-27

STEP 6 选择"选择"工具 ，选取树木图形，按住 Alt 键的同时，向右拖曳图形到适当的位置，复制图形，并调整其大小，效果如图 6-28 所示。按 Ctrl+ [组合键，将图形后移一层，效果如图 6-29 所示。

图 6-28

图 6-29

STEP　7　选择"编组选择"工具　，选取小树图形，在"渐变"控制面板中，选中"线性渐变"按钮　，在色带上设置两个渐变滑块，分别将渐变滑块的位置设置为 0、100，并设置 R、G、B 的值分别为 0（85、224、187）、100（255、234、179），其他选项的设置如图 6-30 所示，图形被填充为渐变色，并设置描边色为无，效果如图 6-31 所示。

图 6-30

图 6-31

STEP　8　用相同的方法分别复制其他图形并调整其大小和排序，效果如图 6-32 所示。选择"选择"工具　，按住 Shift 键的同时，依次选取云彩图形，填充图形为白色，并设置描边色为无，效果如图 6-33 所示。在属性栏中将"不透明度"选项设置为 20%，按 Enter 键确定操作，效果如图 6-34 所示。

图 6-32

图 6-33

图 6-34

STEP　9　选择"选择"工具　，选取太阳图形，填充图形为白色，并设置描边色为无，效果如图 6-35 所示。在属性栏中将"不透明度"选项设置为 80%，按 Enter 键确定操作，效果如图 6-36 所示。

图 6-35

图 6-36

STEP ⟨10⟩ 选择"网格"工具 ⌗，在圆形中心位置单击，添加网格点，如图 6-37 所示。设置网格点颜色为浅黄色（其 R、G、B 的值分别为 255、246、127），填充网格，效果如图 6-38 所示。选择"选择"工具 ▶，在页面空白处单击，取消选取状态，效果如图 6-39 所示。风景插画绘制完成。

图 6-37   图 6-38   图 6-39

6.3.2　创建渐变填充

选择绘制好的图形，如图 6-40 所示。单击工具箱下部的"渐变"按钮 ▢，对图形进行渐变填充，效果如图 6-41 所示。选择"渐变"工具 ▨，在图形需要的位置单击设定渐变的起点并按住鼠标左键拖曳，再次单击确定渐变的终点，如图 6-42 所示，渐变填充的效果如图 6-43 所示。

图 6-40   图 6-41   图 6-42   图 6-43

在"色板"控制面板中单击需要的渐变样本，对图形进行渐变填充，效果如图 6-44 所示。

图 6-44

6.3.3　渐变控制面板

在"渐变"控制面板中可以设置渐变参数，选择"线性""径向"或"任意形状"渐变，设置渐变的起始、中间和终止颜色；还可以设置渐变的位置和角度。

双击"渐变"工具 ▨ 或选择"窗口 > 渐变"命令（组合键为 Ctrl+F9），弹出"渐变"控制面板，如图 6-45 所示。从"类型"选项组中可以选择"线性""径向"或"任意形状"渐变方式，如图 6-46 所示。

在"角度"选项的数值框中显示当前的渐变角度，重新输入数值后单击 Enter 键，可以改变渐变的角度，如图 6-47 所示。

图 6-45   图 6-46   图 6-47

单击"渐变"控制面板下面的颜色滑块，在"位置"选项的数值框中显示出该滑块在渐变颜色中位置的百分比，如图 6-48 所示；拖动该滑块，改变该颜色的位置，即改变颜色的渐变梯度，如图 6-49 所示。

图 6-48   图 6-49

在渐变色谱条底边单击，可以添加一个颜色滑块，如图 6-50 所示。在"颜色"控制面板中调配颜色，如图 6-51 所示，可以改变添加的颜色滑块的颜色，选项设置如图 6-52 所示。按住颜色滑块不放并将其拖到"渐变"控制面板外，可以直接删除颜色滑块。

图 6-50   图 6-51   图 6-52

双击渐变色谱条上的颜色滑块，弹出颜色面板，可以快速选取所需的颜色。

6.3.4 渐变填充的样式

1. 线性渐变填充

线性渐变填充是一种比较常用的渐变填充方式，通过"渐变"控制面板，可以精确地指定线性渐变的起始和终止颜色，还可以调整渐变方向。通过调整中心点的位置，可以生成不同的颜色渐变效果。当需要绘制线性渐变填充图形时，可按以下步骤操作。

选择绘制好的图形，如图6-53所示。双击"渐变"工具 ，弹出"渐变"控制面板。在"渐变"控制面板色谱条中，显示程序默认的白色到黑色的线性渐变样式，如图6-54所示。在"渐变"控制面板"类型"选项组中，单击"线性渐变"按钮 ，如图6-55所示，图形将被线性渐变填充，如图6-56所示。

| 图6-53 | 图6-54 | 图6-55 | 图6-56 |

单击"渐变"控制面板中的起始颜色游标○，如图6-57所示。然后在"颜色"控制面板中调配所需的颜色，设置渐变的起始颜色。再单击终止颜色游标●，如图6-58所示；设置渐变的终止颜色，效果如图6-59所示。图形的线性渐变填充效果如图6-60所示。

| 图6-57 | 图6-58 | 图6-59 | 图6-60 |

拖动色谱条上边的控制滑块，可以改变颜色的渐变位置，如图6-61所示，"位置"数值框中的数值也会随之发生变化。设置"位置"数值框中的数值也可以改变颜色的渐变位置，图形的线性渐变填充效果也将改变，如图6-62所示。

| 图6-61 | 图6-62 |

如果要改变颜色渐变的方向，选择"渐变"工具 ▣ 后直接在图形中拖曳即可。当需要精确地改变渐变方向时，可通过"渐变"控制面板中的"角度"选项来控制图形的渐变方向。

2. 径向渐变填充

径向渐变填充是 Illustrator CC 2019 的另一种渐变填充类型，与线性渐变填充不同，它是从起始颜色开始以圆的形式向外发散，逐渐过渡到终止颜色。它的起始颜色和终止颜色，以及渐变填充中心点的位置都是可以改变的。使用径向渐变填充可以生成多种渐变填充效果。

选择绘制好的图形，如图 6-63 所示。双击"渐变"工具 ▣，弹出"渐变"控制面板。在"渐变"控制面板色谱条中，显示程序默认的白色到黑色的线性渐变样式，如图 6-64 所示。在"渐变"控制面板"类型"选项组中，单击"径向渐变"按钮 ▣，如图 6-65 所示，图形将被径向渐变填充，效果如图 6-66 所示。

图 6-63　　　　　　　　图 6-64　　　　　　　　图 6-65　　　　　　　　图 6-66

单击"渐变"控制面板中的起始颜色游标○或终止颜色游标●，然后在"颜色"控制面板中调配颜色，即可改变图形的渐变颜色，效果如图 6-67 所示。拖动色谱条上边的控制滑块，可以改变颜色的中心渐变位置，效果如图 6-68 所示。使用"渐变"工具 ▣ 绘制，可改变径向渐变的中心位置，效果如图 6-69 所示。

图 6-67　　　　　　　　图 6-68　　　　　　　　图 6-69

3. 任意形状渐变填充

任意形状渐变可以在某个形状内使色标形成逐渐过渡的混合，可以是有序混合，也可以是随意混合，以便混合看起来很平滑、自然。

选择绘制好的图形，如图 6-70 所示。双击"渐变"工具 ▣，弹出"渐变"控制面板。在"渐变"控制面板色谱条中，显示程序默认的白色到黑色的线性渐变样式，如图 6-71 所示。在"渐变"控制面板"类型"选项组中，单击"任意形状渐变"按钮 ▣，如图 6-72 所示，图形将被径向渐变填充，效果如图 6-73 所示。

图 6-70 　　　　　图 6-71 　　　　　图 6-72 　　　　　图 6-73

在"绘制"选项组中，点选"点"单选项，可以在对象中创建单独点形式的色标，如图 6-74 所示；点选"线"单选项，可以在对象中创建直线段形式的色标，如图 6-75 所示。

图 6-74 　　　　　图 6-75

在对象中将鼠标指针放置在线段上，指针变为 ᵒ₊ 图标，如图 6-76 所示，单击可以添加一个色标，如图 6-77 所示；在"颜色"控制面板中调配颜色，即可改变图形的渐变颜色，如图 6-78 所示。

图 6-76 　　　　　图 6-77 　　　　　图 6-78

在对象中单击并按住鼠标左键拖曳色标，可以移动色标位置，如图 6-79 所示；在"渐变"控制面板"色标"选项组中，单击"删除色标"按钮 🗑，可以删除选中的色标，如图 6-80 所示。

图 6-79 　　　　　图 6-80

"扩展"选项：在"点"模式下，扩展选项被激活，扩展可以设置色标周围的环形区域，默认情况下，色标的扩展幅度取值范围为 0% ～ 100%。

6.3.5 使用渐变库

除了在"色板"控制面板中提供的渐变样式外，Illustrator CC 2019 还提供了一些渐变库。选择"窗口 > 色板库 > 其他库"命令，弹出"打开"对话框，在"色板 > 渐变"文件夹内包含了系统提供的渐变库，如图 6-81 所示；在文件夹中可以选择不同的渐变库，选择后单击"打开"按钮，渐变库如图 6-82 所示。

图 6-81

图 6-82

6.4 图案填充

图案填充是绘制图形的重要手段，使用合适的图案填充可以使绘制的图形更加生动形象。

6.4.1 使用图案填充

选择"窗口 > 色板库 > 图案"命令，可以选择自然、装饰等多种图案填充图形，如图 6-83 所示。

绘制一个图形，如图 6-84 所示。在工具箱下方选择描边按钮，再在"色板"控制面板中选择需要的图案，如图 6-85 所示。图案被填充到图形的描边上，效果如图 6-86 所示。

图 6-83   图 6-84   图 6-85   图 6-86

在工具箱下方选择填充按钮，在"色板"控制面板中单击选择需要的图案，如图 6-87 所示。图案被填充到图形的内部，效果如图 6-88 所示。

图 6-87   图 6-88

6.4.2 创建图案填充

在 Illustrator CC 2019 中可以将基本图形定义为图案，作为图案的图形不能包含渐变、渐变网格、图案和位图。

使用"星形"工具 ☆，绘制 3 个星形，同时选取 3 个星形，如图 6-89 所示。选择"对象 > 图案 > 建立"命令，弹出提示框和"图案选项"面板，如图 6-90 所示，同时页面进入"图案编辑模式"，单击提示框中的"确定"按钮，在面板中可以设置图案的名称、大小和重叠方式等，如图 6-91 所示。设置完成后，单击页面左上方的"完成"按钮，定义的图案就添加到"色板"控制面板中了。

图 6-89   图 6-90   图 6-91

在"色板"控制面板中单击新定义的图案并将其拖曳到页面上，如图 6-92 所示。选择"对象 > 取消编组"命令，取消图案组合，可以重新编辑图案，效果如图 6-93 所示。选择"对象 > 编组"命令，将新编辑的图案组合，将图案拖曳到"色板"控制面板中，如图 6-94 所示，在"色板"控制面板中就添加了新定义的图案，如图 6-95 所示。

图 6-92   图 6-93

图 6-94   图 6-95

使用"多边形"工具 ⬡，绘制一个多边形，如图 6-96 所示。在"色板"控制面板中单击新定义的图案，如图 6-97 所示，多边形的图案填充效果如图 6-98 所示。

Illustrator CC 2019 自带一些图案库。选择"窗口 > 图形样式库"子菜单下的各种样式，加载不同的样式库。可以选择"其他库"命令来加载外部样式库。

图 6-96

图 6-97

图 6-98

6.4.3 使用图案库

除了"色板"控制面板中提供的图案外，Illustrator CC 2019 还提供了一些图案库。选择"窗口 >
色板库 > 其他库"命令，弹出"打开"对话框，在"色板 > 图案"文件夹中包含了系统提供的图案
库，如图 6-99 所示，在文件夹中可以选择不同的图案库，选择后单击"打开"按钮，图案库的效果如
图 6-100 所示。

图 6-99

图 6-100

6.5 渐变网格填充

应用渐变网格功能可以制作出图形颜色细微之处的变化，并且易于用户控制图形颜色。使用渐变网
格可以对图形应用多个方向、多种颜色的渐变填充。

6.5.1 课堂案例——绘制金刚区歌单图标

案例学习目标

学习使用"绘图"工具、"创建渐变网格"命令和"渐变"工具绘制金刚区歌单图标。

案例知识要点

使用"椭圆"工具、"矩形"工具、"圆角矩形"工具、"创建渐变网格"命令、"渐变"工具和"剪
切蒙版"命令绘制麦克风。金刚区歌单图标效果如图 6-101 所示。

效果所在位置

资源包 > Ch06 > 效果 > 绘制金刚区歌单图标 .ai。

图 6-101

绘制金刚区歌单图标

STEP 1 按 Ctrl+N 组合键，弹出"新建文档"对话框，设置文档的宽度为 90 px，高度为 90 px，取向为竖向，颜色模式为 RGB，单击"创建"按钮，新建一个文档。

STEP 2 选择"椭圆"工具 ⬭，按住 Shift 键的同时，在页面中绘制一个圆形，如图 6-102 所示。双击"渐变"工具 ▦，弹出"渐变"控制面板，选中"线性渐变"按钮 ▦，在色带上设置两个渐变滑块，分别将渐变滑块的位置设置为 0、100，并设置 R、G、B 的值分别为 0（254、191、42）、100（254、231、107），其他选项的设置如图 6-103 所示；图形被填充为渐变色，并设置描边色为无，效果如图 6-104 所示。

图 6-102

图 6-103

图 6-104

STEP 3 选择"矩形"工具 ▭，在页面中单击，弹出"矩形"对话框，选项的设置如图 6-105 所示，单击"确定"按钮，出现一个矩形。选择"选择"工具 ▶，拖曳矩形到适当的位置，效果如图 6-106 所示。

图 6-105

图 6-106

STEP 4 选择"直接选择"工具 ▷，选取左下角的锚点，并向右拖曳锚点到适当的位置，效果如图 6-107 所示。用相同的方法调整右下角的锚点，效果如图 6-108 所示。

STEP 5 选择"选择"工具 ▶，选取图形，双击"渐变"工具 ▦，弹出"渐变"控制面板，选中"线性渐变"按钮 ▨，在色带上设置两个渐变滑块，分别将渐变滑块的位置设置为 0、100，并设置 R、G、B 的值分别为 0（254、98、42）、100（254、55、42），其他选项的设置如图 6-109 所示；图形被填充为渐变色，并设置描边色为无，效果如图 6-110 所示。

图 6-107　　　　　　　图 6-108　　　　　　　图 6-109　　　　　　　图 6-110

STEP ６ 选择"椭圆"工具 ⬭，按住 Shift 键的同时，在适当的位置绘制一个圆形，效果如图 6-111 所示。选择"选择"工具 ▶，按住 Alt+Shift 组合键的同时，垂直向上拖曳圆形到适当的位置，复制圆形，效果如图 6-112 所示。

STEP ７ 选取第一个绘制的圆形，填充图形为黑色，并设置描边色为无，效果如图 6-113 所示。在属性栏中将"不透明度"选项设置为 35%，按 Enter 键确定操作，效果如图 6-114 所示。

图 6-111　　　　　　　图 6-112　　　　　　　图 6-113　　　　　　　图 6-114

STEP ８ 选择"选择"工具 ▶，选取下方红色渐变图形，按 Ctrl+C 组合键，复制图形，按 Shift+Ctrl+V 组合键，就地粘贴图形，效果如图 6-115 所示。按住 Shift 键，单击透明图形将其同时选取，如图 6-116 所示；按 Ctrl+7 组合键，建立剪切蒙版，效果如图 6-117 所示。

图 6-115　　　　　　　图 6-116　　　　　　　图 6-117

STEP ９ 选取大圆形，按 Shift+Ctrl+] 组合键，将其置于顶层，如图 6-118 所示。设置图形填充色为浅黄色（其 R、G、B 的值分别为 254、183、28），填充图形，并设置描边色为无，如图 6-119 所示。

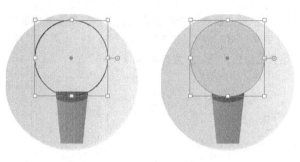

图 6-118   图 6-119

STEP 10 选择"对象 > 创建渐变网格"命令，在弹出的"创建渐变网格"对话框中进行设置，如图 6-120 所示；单击"确定"按钮，效果如图 6-121 所示。

图 6-120   图 6-121

STEP 11 选择"直接选择"工具，按住 Shift 键的同时，选中网格中的锚点，如图 6-122 所示；设置填充色为米白色（其 R、G、B 的值分别为 254、246、234），填充锚点，效果如图 6-123 所示。用相同的方法分别选中网格中的其他锚点，填充相应的颜色，效果如图 6-124 所示。

图 6-122   图 6-123   图 6-124

STEP 12 选择"圆角矩形"工具，在页面中单击，弹出"圆角矩形"对话框，选项的设置如图 6-125 所示，单击"确定"按钮，出现一个圆角矩形。选择"选择"工具，拖曳圆角矩形到适当的位置，效果如图 6-126 所示。

STEP 13 双击"渐变"工具，弹出"渐变"控制面板，选中"线性渐变"按钮，在色带上设置两个渐变滑块，分别将渐变滑块的位置设置为 0、100，并设置 R、G、B 的值分别为 0（255、255、75）、100（255、128、0），其他选项的设置如图 6-127 所示；图形被填充为渐变色，并设置描边色为无，效果如图 6-128 所示。

图 6-125　　　　　　图 6-126　　　　　　图 6-127　　　　　　图 6-128

STEP 14 选择"圆角矩形"工具 ▢ ，在页面中单击，弹出"圆角矩形"对话框，选项的设置如图 6-129 所示，单击"确定"按钮，出现一个圆角矩形。选择"选择"工具 ▶ ，拖曳圆角矩形到适当的位置，填充图形为黑色，并设置描边色为无，效果如图 6-130 所示。

STEP 15 按 Ctrl+C 组合键，复制图形，按 Ctrl+F 组合键，将复制的图形贴在前面。向上拖曳圆角矩形中间的控制手柄到适当的位置，调整其大小，效果如图 6-131 所示。

图 6-129　　　　　　　　图 6-130　　　　　　　　图 6-131

STEP 16 选择"选择"工具 ▶ ，按住 Shift 键，依次单击同时选取所绘制的图形，按 Ctrl+G 组合键，将其编组，效果如图 6-132 所示。

STEP 17 选择"窗口 > 变换"命令，弹出"变换"控制面板，将"旋转"选项设置为 45°，如图 6-133 所示；按 Enter 键确定操作，效果如图 6-134 所示。

图 6-132　　　　　　　　图 6-133　　　　　　　　图 6-134

STEP 18 选择"选择"工具 ▶ ，拖曳编组图形到适当的位置，效果如图 6-135 所示。选取下方黄色渐变图形，按 Ctrl+C 组合键，复制图形，按 Shift+Ctrl+V 组合键，就地粘贴图形，效果如图 6-136 所示。

STEP 19 按住 Shift 键，单击编组图形将其同时选取，如图 6-137 所示；按 Ctrl+7 组合键，建立剪切蒙版，效果如图 6-138 所示。金刚区歌单图标绘制完成，效果如图 6-139 所示。

图 6-135 图 6-136

图 6-137 图 6-138 图 6-139

6.5.2 建立渐变网格

应用"网格"工具 ▦ 可以在图形中形成网格，使图形颜色的变化更加柔和自然。

1. 使用"网格"工具建立渐变网格

使用"椭圆"工具 ● 绘制一个椭圆形并保持其被选取状态，如图 6-140 所示。选择"网格"工具 ▦ ，在椭圆形中单击，将椭圆形建立为渐变网格对象，椭圆形中增加了横竖两条线交叉形成的网格，如图 6-141 所示；继续在椭圆形中单击，可以增加新的网格，效果如图 6-142 所示。

图 6-140 图 6-141 图 6-142

在网格中横竖两条线交叉形成的点就是网格点，而横、竖线就是网格线。

2. 使用"创建渐变网格"命令创建渐变网格

使用"椭圆"工具 ● 绘制一个椭圆形并保持其被选取状态，如图 6-143 所示。选择"对象 > 创建渐变网格"命令，弹出"创建渐变网格"对话框，如图 6-144 所示。设置数值后，单击"确定"按钮，可以为图形创建渐变网格的填充，效果如图 6-145 所示。

在"创建渐变网格"对话框中，"行数"选项的数值框用于输入水平方向网格线的行数；"列数"选项的数值框用于输入垂直方向网络线的列数；在"外观"选项的下拉列表中可以选择创建渐变网格后图形高光部位的表现方式，有平淡色、至中心、至边缘 3 种方式；在"高光"选项的数值框中可以设置高光处的强度，当数值为 0 时，图形没有高光点，是均匀的颜色填充。

图 6-143   图 6-144   图 6-145

6.5.3 编辑渐变网格

1. 添加网格点

使用"椭圆"工具 ⬭，绘制一个椭圆形并保持其被选取状态，如图 6-146 所示；选择"网格"工具 ⊞
在椭圆形中单击，建立渐变网格对象，如图 6-147 所示；在椭圆形中的其他位置再次单击，可以添加网格点，
如图 6-148 所示，同时添加了网格线。在网格线上再次单击，可以继续添加网格点，如图 6-149 所示。

图 6-146   图 6-147   图 6-148

2. 删除网格点

使用"网格"工具 ⊞，按住 Alt 键的同时，将鼠标指针移至网格点，指针变为 ⊞ 图标，如图 6-150
所示，单击网格点即可将网格点删除，效果如图 6-151 所示。

图 6-149   图 6-150   图 6-151

3. 编辑网格颜色

使用"直接选择"工具 ▷ 单击选中网格点，如图 6-152 所示；在"色板"控制面板中单击需要的
颜色块，如图 6-153 所示，可以为网格点填充颜色，效果如图 6-154 所示。

图 6-152   图 6-153   图 6-154

使用"直接选择"工具 ▷ 单击选中网格，如图 6-155 所示；在"色板"控制面板中单击需要的颜色块，如图 6-156 所示，可以为网格填充颜色，效果如图 6-157 所示。

图 6-155   图 6-156   图 6-157

使用"直接选择"工具 ▷ 在网格点上单击并按住鼠标左键拖曳网格点，可以移动网格点，效果如图 6-158 所示。拖曳网格点的控制手柄可以调节网格线，效果如图 6-159 所示。

图 6-158   图 6-159

6.6 编辑描边

描边其实就是对象的描边线，对描边进行填充时，还可以对其进行一定的设置，如更改描边的形状、粗细，以及设置为虚线描边等。

6.6.1 使用"描边"控制面板

选择"窗口 > 描边"命令（组合键为 Ctrl+F10），弹出"描边"控制面板，如图 6-160 所示。"描边"控制面板主要用来设置对象描边的属性，如粗细、形状等。

在"描边"控制面板中，通过"粗细"选项设置描边的宽度；"端点"选项组用于指定描边各线段的首端和尾端的形状样式，它有平头端点 ▣ 、圆头端点 ▣ 和方头端点 ▣ 3 种不同的端点样式；"边角"选项组用于指定一段描边的拐点，即描边的拐角形状，它有 3 种不同的拐角接合形式，分别为斜接连接 ▣ 、圆角连接 ▣ 和斜角连接 ▣ ；"限制"选项用于设置斜角的长度，它将决定描边沿路径改变方向时伸展的长度；"对齐描边"选项组用于设置描边与路径的对齐方式，分别为使描边居中对齐 ▣ 、使描边内侧对齐 ▣ 和使描边外侧对齐 ▣ ；勾选"虚线"复选项可以创建描边的虚线效果。

图 6-160

6.6.2 设置描边的粗细

当需要设置描边的宽度时，要用到"粗细"选项，可以在其下拉列表中选择合适的粗细，也可以直接输入合适的数值。

单击工具箱下方的描边按钮，使用"星形"工具 ☆ 绘制一个星形并保持其被选取状态，效果如图 6-161 所示。在"描边"控制面板"粗细"选项的下拉列表中选择需要的描边粗细值，或者直接输入合适的数值。本例设置的粗细数值为 30pt，如图 6-162 所示；星形的描边粗细被改变，效果如图 6-163 所示。

图 6-161　　　　　　　　图 6-162　　　　　　　　图 6-163

当要更改描边的单位时，可选择"编辑 > 首选项 > 单位"命令，弹出"首选项"对话框，如图 6-164 所示。可以在"描边"选项的下拉列表中选择需要的描边单位。

图 6-164

6.6.3　设置描边的填充

保持星形处于被选取的状态，效果如图 6-165 所示。在"色板"控制面板中单击选取所需的填充样本，对象描边的填充效果如图 6-166 所示。

图 6-165　　　　　　　　　　　　　图 6-166

保持星形处于被选取的状态，效果如图 6-167 所示。在"颜色"控制面板中调配所需的颜色，如图 6-168 所示；或双击工具箱下方的"描边填充"按钮 ，弹出"拾色器"对话框，如图 6-169 所示。在对话框中可以调配所需的颜色，对象描边的颜色填充效果如图 6-170 所示。

| 图 6-167 | 图 6-168 | 图 6-169 | 图 6-170 |

6.6.4 编辑描边的样式

1. 设置"限制"选项

"限制"选项可以设置描边沿路径改变方向时的伸展长度。可以在其下拉列表中选择所需的数值，也可以在数值框中直接输入合适的数值，分别将"限制"选项设置为 2 和 20 时的对象描边效果如图 6-171 所示。

图 6-171

2. 设置"端点"和"边角"选项

端点是指一段描边的首端和末端，可以为描边的首端和末端选择不同的顶点样式来改变描边顶点的形状。使用"钢笔"工具 ✐ 绘制一段描边，单击"描边"控制面板中的 3 个不同端点样式的按钮 ▣ ▣ ▣ ，选定的端点样式会应用到选定的描边中，如图 6-172 所示。

平头端点　　　　　　圆头端点　　　　　　方头端点

图 6-172

边角是指一段描边的拐点，边角样式就是指描边拐角处的形状。该选项有斜接连接、圆角连接和斜角连接 3 种不同的转角边角样式。绘制多边形的描边，单击"描边"控制面板中的 3 个不同边角样式按钮 ▣ ▣ ▣ ，选定的边角样式会应用到选定的描边中，如图 6-173 所示。

斜接连接　　　　　　圆角连接　　　　　　斜角连接

图 6-173

3. 设置"虚线"选项

虚线选项里包括 6 个数值框，勾选"虚线"复选项，数值框被激活，第 1 个数值框默认的虚线值为 2pt，如图 6-174 所示。

"虚线"选项用来设定每一段虚线段的长度，数值框中输入的数值越大，虚线的长度就越长；反之，输入的数值越小，虚线的长度就越短。设置不同虚线长度值的描边效果如图 6-175 所示。

"间隙"选项用来设定虚线段之间的距离，输入的数值越大，虚线段之间的距离越大；反之，输入的数值越小，虚线段之间的距离就越小。设置不同虚线间隙的描边效果如图 6-176 所示。

图 6-175

图 6-174   图 6-176

4. 设置"箭头"选项

在"描边"控制面板中有两个可供选择的下拉列表按钮 箭头：━ ∨ ━ ∨，左侧是"起点的箭头" ━ ∨，右侧是"终点的箭头" ━ ∨。选中要添加箭头的曲线，如图 6-177 所示。单击"起点的箭头"按钮 ━ ∨，弹出"起点的箭头"下拉列表框，单击需要的箭头样式，如图 6-178 所示。曲线的起始点会出现选择的箭头，效果如图 6-179 所示。单击"终点的箭头"按钮 ━ ∨，弹出"终点的箭头"下拉列表框，单击需要的箭头样式，如图 6-180 所示。曲线的终点会出现选择的箭头，效果如图 6-181 所示。

图 6-177   图 6-178   图 6-179

图 6-180   图 6-181

"互换箭头起始处和结束处"按钮 ⇄ 可以互换起始箭头和终点箭头。选中曲线，如图 6-182 所示。在"描边"控制面板中单击"互换箭头起始处和结束处"按钮 ⇄，如图 6-183 所示，效果如图 6-184 所示。

图 6-182   图 6-183   图 6-184

在"缩放"选项中，左侧是"箭头起始处的缩放因子"按钮 ○ 100% ，右侧是"箭头结束处的缩放因子"按钮 ○ 100% ，设置需要的数值，可以缩放曲线的起始箭头和结束箭头的大小。选中要缩放的曲线，如图 6-185 所示。单击"箭头起始处的缩放因子"按钮 ○ 100% ，将"箭头起始处的缩放因子"设置为 200%，如图 6-186 所示，效果如图 6-187 所示。单击"箭头结束处的缩放因子"按钮 ○ 100% ，将"箭头结束处的缩放因子"设置为 200%，效果如图 6-188 所示。

图 6-185   图 6-186   图 6-187   图 6-188

单击"缩放"选项右侧的"链接箭头起始处和结束处缩放"按钮 ⫽ ，可以同时改变起始箭头和结束箭头的大小。

在"对齐"选项中，左侧是"将箭头提示扩展到路径终点外"按钮 ⇥ ，右侧是"将箭头提示放置于路径终点处"按钮 ⇥ ，这两个按钮分别可以设置箭头在终点以外和箭头在终点处。选中曲线，如图 6-189 所示。单击"将箭头提示扩展到路径终点外"按钮 ⇥ ，如图 6-190 所示，效果如图 6-191 所示。单击"将箭头提示放置于路径终点处"按钮 ⇥ ，箭头在终点处显示，效果如图 6-192 所示。

图 6-189   图 6-190   图 6-191   图 6-192

在"配置文件"选项中，单击"配置文件"按钮 ——— 等比 ∨ ，弹出宽度配置文件下拉列表，如图 6-193 所示。在下拉列表中选中任意一个宽度配置文件可以改变曲线描边的形状。选中曲线，如图 6-194 所示。单击"配置文件"按钮 ——— 等比 ∨ ，在弹出的下拉列表中选中任意一个宽度配置文件，如图 6-195 所示，效果如图 6-196 所示。

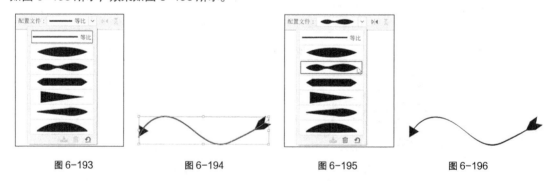

图 6-193   图 6-194   图 6-195   图 6-196

在"配置文件"选项右侧有两个按钮分别是"纵向翻转"按钮 ⋈ 和"横向翻转"按钮 ⤬ 。单击"纵向翻转"按钮 ⋈ ，可以改变曲线描边的左右位置。单击"横向翻转"按钮 ⤬ ，可以改变曲线描边的上下位置。

6.7 使用符号

符号是一种能存储在"符号"控制面板中，并且在一个插图中可以多次重复使用的对象。Illustrator CC 2019 提供了"符号"控制面板，专门用来创建、存储和编辑符号。

当需要在一个插图中多次制作同样的对象，并需要对对象进行多次类似的编辑操作时，可以使用符号来完成。这样，可以大大提高效率，节省时间。例如，在一个网站设计中多次应用到一个按钮的图样，这时就可以将这个按钮的图样定义为符号范例，这样可以对按钮符号进行多次重复使用。利用符号体系工具组中的相应工具可以对符号范例进行各种编辑操作。默认设置下的"符号"控制面板如图 6-197 所示。

在插图中如果应用了符号集合，那么当使用选择工具选取符号范例时，则同时选中整个符号集合。此时被选中的符号集合只能被移动，而不能被编辑。图 6-198 所示为应用到插图中的符号范例与符号集合。

图 6-197   图 6-198

 提 示

在 Illustrator CC 2019 中的各种对象，如普通的图形、文本对象、复合路径、渐变网格等均可以被定义为符号。

6.7.1　课堂案例——绘制许愿灯插画

案例学习目标

学习使用"符号"控制面板、"符号"喷枪工具绘制许愿灯插画。

案例知识要点

使用"钢笔"工具、"椭圆"工具、"路径查找器"命令和"渐变"工具绘制许愿灯；使用"符号"控制面板、"符号喷枪"工具定义并绘制符号；使用"符号缩放器"工具、"符号旋转器"工具和"符号滤色器"工具调整符号大小、旋转角度和透明度。许愿灯插画效果如图 6-199 所示。

效果所在位置

资源包 > Ch06 > 效果 > 绘制许愿灯插画 .ai。

图 6-199

绘制许愿灯插画

STEP　1 按 Ctrl+O 组合键，打开资源包中的"Ch06 > 素材 > 绘制许愿灯插画 > 01"文件，如图 6-200 所示。

STEP　2 选择"钢笔"工具 ，在页面外绘制一个不规则图形，如图 6-201 所示。设置填充色为橙色（其 R、G、B 的值分别为 239、124、19），填充图形，并设置描边色为无，效果如图 6-202 所示。

图 6-200　　　　　　　　图 6-201　　　　　　　　图 6-202

STEP 3 选择"钢笔"工具 ✐，在适当的位置分别绘制不规则图形，如图 6-203 所示。选择"选择"工具 ▶，选取需要的图形，设置填充色为淡红色（其 R、G、B 的值分别为 189、55、0），填充图形，并设置描边色为无，效果如图 6-204 所示。

STEP 4 选取需要的图形，设置填充色为深红色（其 R、G、B 的值分别为 227、66、0），填充图形，并设置描边色为无，效果如图 6-205 所示。在属性栏中将"不透明度"选项设置为 50%，按 Enter 键确定操作，效果如图 6-206 所示。

图 6-203　　　　　　图 6-204　　　　　　图 6-205　　　　　　图 6-206

STEP 5 选择"椭圆"工具 ◯，在适当的位置绘制一个椭圆形，效果如图 6-207 所示。选择"直接选择"工具 ▷，选取椭圆形下方的锚点，并向上拖曳锚点到适当的位置，效果如图 6-208 所示。选取左侧的锚点，拖曳下方的控制手柄到适当的位置，调整其弧度，效果如图 6-209 所示。用相同的方法调整右侧锚点，效果如图 6-210 所示。

图 6-207　　　　　　图 6-208　　　　　　图 6-209　　　　　　图 6-210

STEP 6 选择"选择"工具 ▶，选取图形，设置填充色为橘黄色（其 R、G、B 的值分别为 251、183、39），填充图形，并设置描边色为无，效果如图 6-211 所示。

STEP 7 选择"椭圆"工具 ◯，在适当的位置绘制一个椭圆形，效果如图 6-212 所示。选择"选择"工具 ▶，选取下方橘黄色图形，按 Ctrl+C 组合键，复制图形，按 Ctrl+F 组合键，将复制的图形粘贴在前面，如图 6-213 所示。

图 6-211   图 6-212   图 6-213

STEP 8 按住 Shift 键的同时，单击上方椭圆形将其选取，如图 6-214 所示。选择"窗口 >
路径查找器"命令，弹出"路径查找器"控制面板，单击"交集"按钮 🔲，如图 6-215 所示；生成新
的对象，效果如图 6-216 所示。

图 6-214   图 6-215   图 6-216

STEP 9 保持图形选取状态。设置填充色为深红色（其 R、G、B 的值分别为 227、66、0），
填充图形，并设置描边色为无，效果如图 6-217 所示。在属性栏中将"不透明度"选项设置为 50%，
按 Enter 键确定操作，效果如图 6-218 所示。用相同的方法制作其他图形，并填充相应的颜色，效果如
图 6-219 所示。

图 6-217   图 6-218   图 6-219

STEP 10 选择"椭圆"工具 ◯，在适当的位置绘制一个椭圆形，效果如图 6-220 所示。
双击"渐变"工具 ■，弹出"渐变"控制面板，选中"径向渐变"按钮 ▣，在色带上设置两个渐变滑
块，分别将渐变滑块的位置设置为 0、100，并设置 R、G、B 的值分别为 0(255、255、0)、100(251、
176、59)，将上方渐变滑块的"位置"选项设置为 31%，其他选项的设置如图 6-221 所示；图形被填
充为渐变色，并设置描边色为无，效果如图 6-222 所示。

STEP 11 选择"选择"工具 ▶，用框选的方法同时选取所绘制的图形，按 Ctrl+G 组合键，
将其编组，如图 6-223 所示。选择"窗口 > 变换"命令，弹出"变换"控制面板，将"旋转"选项设
置为 9°，如图 6-224 所示；按 Enter 键确定操作，效果如图 6-225 所示。

图 6-220　　　　　　图 6-221　　　　　　图 6-222

图 6-223　　　　　　图 6-224　　　　　　图 6-225

STEP 12 选择"窗口 > 符号"命令，弹出"符号"控制面板，如图 6-226 所示。将选中的许愿灯拖曳到"符号"控制面板中，如图 6-227 所示；同时弹出"符号选项"对话框，选项的设置如图 6-228 所示；单击"确定"按钮，创建符号，如图 6-229 所示。

图 6-226　　　　　　图 6-227　　　　　　图 6-228　　　　　　图 6-229

STEP 13 选择"符号喷枪"工具，在页面中拖曳鼠标绘制多个许愿灯符号，效果如图 6-230 所示。使用"符号缩放器"工具、"符号旋转器"工具和"符号滤色器"工具，分别调整符号大小、旋转角度及透明度，效果如图 6-231 所示。许愿灯插画绘制完成，效果如图 6-232 所示。

图 6-230　　　　　　图 6-231　　　　　　图 6-232

6.7.2 "符号"控制面板

"符号"控制面板具有创建、编辑和存储符号的功能。单击控制面板右上方的图标 ≡，弹出其下拉菜单，如图 6-233 所示。

在"符号"控制面板底部有以下 6 个按钮。

"符号库菜单"按钮 ⚏：包括多种符合库，可以选择调用。

"置入符号实例"按钮 ↰：将当前选中的一个符号范例放置在页面的中心。

"断开符号链接"按钮 ⚭：将添加到插图中的符号范例与"符号"控制面板断开链接。

"符号选项"按钮 ▦：单击该按钮可以打开"符号选项"对话框，并进行设置。

"新建符号"按钮 ▣：单击该按钮可以将选中的要定义为符号的对象添加到"符号"控制面板中。

图 6-233

"删除符号"按钮 ▥：单击该按钮可以删除"符号"控制面板中被选中的符号。

6.7.3 创建和应用符号

1. 创建符号

单击"新建符号"按钮 ▣ 可以将选中的要定义为符号的对象添加到"符号"控制面板。

将选中的对象直接拖曳到"符号"控制面板中，弹出"符号选项"对话框，单击"确定"按钮，可以创建符号，如图 6-234 所示。

图 6-234

2. 应用符号

在"符号"控制面板中选中需要的符号，直接将其拖曳到当前插图中，得到一个符号范例，如图 6-235 所示。

选择"符号喷枪"工具 ▣ 可以同时创建多个符号范例，并且可以将它们作为一个符号集合。

6.7.4 使用符号工具

图 6-235

Illustrator CC 2019 工具箱的符号工具组中提供了 8 个符号工具，展开的符号工具组如图 6-236 所示。

"符号喷枪"工具 ▣：用于创建符号集合，可以将"符号"控制面板中的符号对象应用到插图中。

"符号移位器"工具 ▣：用于移动符号范例。

"符号紧缩器"工具 ：用于对符号范例进行缩紧变形。

"符号缩放器"工具 ：用于对符号范例进行放大操作。按住 Alt 键，可以对符号范例进行缩小操作。

"符号旋转器"工具 ：用于对符号范例进行旋转操作。

"符号着色器"工具 ：用于使用当前颜色为符号范例填色。

"符号滤色器"工具 ：用于增加符号范例的透明度。按住 Alt 键，可以减小符号范例的透明度。

"符号样式器"工具 ：用于将当前样式应用到符号范例中。

设置符号工具的属性，双击任意一个符号工具将弹出"符号工具选项"对话框，如图 6-237 所示。

图 6-236　　　　　　　　　　　　图 6-237

"直径"选项：用于设置笔刷直径的数值。这时的笔刷指的是选取符号工具后，鼠标指针的形状。

"强度"选项：用于设定拖曳鼠标时，符号范例随鼠标变化的速度，数值越大，被操作的符号范例变化越快。

"符号组密度"选项：用于设定符号集合中包含符号范例的密度，数值越大，符号集合所包含的符号范例的数目就越多。

"显示画笔大小和强度"复选框：勾选该复选框，在使用符号工具时可以看到笔刷，不勾选该复选框则隐藏笔刷。

使用"符号"工具应用符号的具体操作如下。

选择"符号喷枪"工具 ，鼠标指针将变成一个中间有圆形喷壶的形状，如图 6-238 所示。在"符号"控制面板中选取一种需要的符号对象，如图 6-239 所示。

在页面上按住鼠标左键不放并拖曳鼠标指针，符号喷枪工具将沿着拖曳的轨迹喷射出多个符号范例，这些符号范例将组成一个符号集合，如图 6-240 所示。

图 6-238　　　　　　　　　图 6-239　　　　　　　　　图 6-240

使用"选择"工具 选中符号集合，再选择"符号移位器"工具 ，将鼠标指针移到要移动的符号范例上按住鼠标左键不放并拖曳鼠标指针，在鼠标指针之中的符号范例将随其移动，如图 6-241 所示。

使用"选择"工具 ▶ 选中符号集合，选择"符号紧缩器"工具 🌰，将鼠标指针移到要使用符号紧缩器工具的符号范例上，按住鼠标左键不放并拖曳鼠标指针，符号范例被紧缩，如图 6-242 所示。

使用"选择"工具 ▶ 选中符号集合，选择"符号缩放器"工具 🌰，将鼠标指针移到要调整的符号范例上，按住鼠标左键不放并拖曳鼠标指针，在鼠标指针之中的符号范例将变大，如图 6-243 所示。按住 Alt 键，则可缩小符号范例。

图 6-241

图 6-242

图 6-243

使用"选择"工具 ▶ 选中符号集合，选择"符号旋转器"工具 ◎，将鼠标指针移到要旋转的符号范例上，按住鼠标左键不放并拖曳鼠标指针，在鼠标指针之中的符号范例将发生旋转，如图 6-244 所示。

在"色板"控制面板或"颜色"控制面板中设定一种颜色作为当前色，使用"选择"工具 ▶ 选中符号集合，选择"符号着色器"工具 🌸，将鼠标指针移到要填充颜色的符号范例上，按住鼠标左键不放并拖曳鼠标指针，在鼠标指针中的符号范例被填充为当前色，如图 6-245 所示。

图 6-244

图 6-245

使用"选择"工具 ▶ 选中符号集合，选择"符号滤色器"工具 🌰，将鼠标指针移到要改变透明度的符号范例上，按住鼠标左键不放并拖曳鼠标指针，在鼠标指针中的符号范例的透明度将被增大，如图 6-246 所示。按住 Alt 键，可以减小符号范例的透明度。

使用"选择"工具 ▶ 选中符号集合，选择"符号样式器"工具 🌸，在"图形样式"控制面板中选中一种样式，将鼠标指针移到要改变样式的符号范例上，按住鼠标左键不放并拖曳鼠标指针，在鼠标指针中的符号范例将被改变样式，如图 6-247 所示。

使用"选择"工具 ▶ 选中符号集合，选择"符号喷枪"工具 🌂，按住 Alt 键，在要删除的符号范例上按住鼠标左键不放并拖曳鼠标指针，鼠标指针经过的区域中的符号范例被删除，如图 6-248 所示。

图 6-246

图 6-247

图 6-248

6.8 课堂练习——绘制餐饮图标

🔍 练习知识要点

　　使用"矩形"工具、"变换"控制面板、"直接选择"工具和"渐变"工具绘制杯子；使用"椭圆"工具、"添加锚点"工具、"矩形"工具和"画笔"控制面板绘制杯口及吸管。效果如图 6-249 所示。

🔍 效果所在位置

　　资源包 > Ch06 > 效果 > 绘制餐饮图标 .ai。

图 6-249

绘制餐饮图标

6.9 课后习题——制作母婴代金券

🔍 习题知识要点

　　使用"文字"工具、"字符"控制面板添加标题文字；使用"庆祝"面板添加符号图形；使用"不透明度"选项改变符号图形的透明度。效果如图 6-250 所示。

🔍 效果所在位置

　　资源包 > Ch06 > 效果 > 制作母婴代金券 .ai。

图 6-250

制作母婴代金券

Illustrator CC

第7章
文本的编辑

Illustrator CC 2019具有强大的文本编辑和图文混排功能。文本对象与一般图形对象一样可以进行各种变换和编辑，同时还可以通过设置各种外观和样式属性制作出绚丽多彩的文本。Illustrator CC 2019支持多个国家的语言，可以竖排汉字等。

课堂学习目标

- 掌握创建、编辑文本的方法
- 掌握分栏和链接文本的方法
- 掌握图文混排的技巧

7.1 创建文本

当准备创建文本时，按住"文字"工具 T 不放，弹出文字展开式工具栏，单击工具栏后面的按钮，可使文字的展开式工具栏从工具箱中分离出来，如图 7-1 所示。

图 7-1

在工具栏中共有 7 种文字工具，前 6 种工具可以用于输入各种类型的文字，以满足不同的文字处理需要；第 7 种工具可以用于对文字进行修饰操作。7 种文字工具依次为"文字"工具 T、"区域文字"工具 T、"路径文字"工具 、"直排文字"工具 T、"直排区域文字"工具 T、"直排路径文字"工具 、"修饰文字"工具 。

文字可以直接输入，也可通过选择"文件 > 置入"命令从外部置入。单击各个文字工具，会显示文字工具对应的鼠标指针，如图 7-2 所示。从当前文字工具的鼠标指针样式可以知道创建文字对象的样式。

图 7-2

7.1.1 课堂案例——制作电商广告

案例学习目标

学习使用"文字"工具和"创建轮廓"命令制作电商广告。

案例知识要点

使用"文字"工具输入文字；使用"创建轮廓"命令将文字转换为轮廓路径。电商广告效果如图 7-3 所示。

效果所在位置

资源包 > Ch07 > 效果 > 制作电商广告 .ai。

图 7-3

制作电商广告

STEP 1 按 Ctrl+N 组合键，弹出"新建文档"对话框，设置文档的宽度为 1920 px，高度为 850 px，取向为横向，颜色模式为 RGB，单击"创建"按钮，新建一个文档。

STEP 2 选择"矩形"工具 ，绘制一个与页面大小相等的矩形，设置图形填充色为浅灰色

（其 R、G、B 的值分别为 228、224、220），填充图形，并设置描边色为无，效果如图 7-4 所示。

STEP 3 选择"文件 > 置入"命令，弹出"置入"对话框，选择资源包中的"Ch07 > 素材 > 制作电商广告 > 01"文件，单击"置入"按钮，在页面中单击置入图片，单击属性栏中的"嵌入"按钮，嵌入图片。选择"选择"工具 ▶，拖曳图片到适当的位置，效果如图 7-5 所示。按 Ctrl+2 组合键，锁定所选对象。

图 7-4   图 7-5

STEP 4 选择"矩形"工具 ▢，在适当的位置绘制一个矩形，如图 7-6 所示。在属性栏中将"描边粗细"选项设置为 8 pt，按 Enter 键确定操作，效果如图 7-7 所示。选择"直接选择"工具 ▷，单击选取矩形右侧的边线，按 Delete 键将其删除，如图 7-8 所示。

图 7-6   图 7-7   图 7-8

STEP 5 选择"文字"工具 T，在页面中分别输入需要的文字，选择"选择"工具 ▶，在属性栏中分别选择合适的字体并设置文字大小，效果如图 7-9 所示。

STEP 6 选取文字"杰森派克 男装"，设置文字填充色为灰色（其 R、G、B 的值分别为 89、87、87），填充文字，效果如图 7-10 所示。

图 7-9   图 7-10

STEP 7 按 Ctrl+T 组合键，弹出"字符"控制面板，将"设置所选字符的字距调整" ㎷ 选项设置为 -100，其他选项的设置如图 7-11 所示；按 Enter 键确定操作，效果如图 7-12 所示。

STEP 8 选取英文"NEW PRODUCTS"，在"字符"控制面板中，将"水平缩放" ㅜ 选项设置为 76%，其他选项的设置如图 7-13 所示；按 Enter 键确定操作，效果如图 7-14 所示。设置文字填充色为蓝色（其 R、G、B 的值分别为 0、20、104），填充文字，效果如图 7-15 所示。

图 7-11   图 7-12

图 7-13   图 7-14   图 7-15

STEP 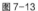9 选取文字"秋冬上新",在"字符"控制面板中,将"设置所选字符的字距调整" 选项设置为 -60,其他选项的设置如图 7-16 所示;按 Enter 键确定操作,效果如图 7-17 所示。

图 7-16   图 7-17

STEP 10 选择"文字 > 创建轮廓"命令,将文字转换为轮廓,效果如图 7-18 所示。选择"直接选择"工具 ,用框选的方法选取需要的锚点,如图 7-19 所示;选择"选择"工具 ,拖曳右上角的控制手柄,将其旋转到适当的角度,效果如图 7-20 所示。

图 7-18   图 7-19   图 7-20

STEP 11 选择"直线段"工具 ,按住 Shift 键的同时,在适当的位置绘制一条直线,并在属性栏中将"描边粗细"选项设置为 5 pt,按 Enter 键确定操作,效果如图 7-21 所示。

STEP 12 选择"圆角矩形"工具 ,在页面中单击,弹出"圆角矩形"对话框,选项的设置如图 7-22 所示;单击"确定"按钮,出现一个圆角矩形。选择"选择"工具 ,拖曳圆角矩形到适当的位置,效果如图 7-23 所示。

图 7-21　　　　　　　　　图 7-22　　　　　　　　　图 7-23

STEP 13 保持图形选取状态。设置图形填充色为蓝色（其 R、G、B 的值分别为 0、20、104），填充图形，并设置描边色为无，效果如图 7-24 所示。

STEP 14 选择"文字"工具 T ，在适当的位置输入需要的文字，选择"选择"工具 ，在属性栏中选择合适的字体并设置文字大小，填充文字为白色，效果如图 7-25 所示。电商广告制作完成，效果如图 7-26 所示。

图 7-24　　　　　　　　　图 7-25　　　　　　　　　图 7-26

7.1.2 "文字"工具的使用

利用"文字"工具 T 和"直排文字"工具 T 可以直接输入沿水平方向和直排方向排列的文本。

1. 输入点文本

选择"文字"工具 T 或"直排文字"工具 T ，在绘图页面中单击，出现一个带有选中文本的文本区域，如图 7-27 所示；切换到需要的输入法并输入文本，如图 7-28 所示。

　提示

当输入文本需要换行时，按 Enter 键开始新的一行。

输入文字后，单击"选择"工具 即可选中所输入的文字，这时文字周围将出现一个选择框，文本上的细线是文字基线的位置，效果如图 7-29 所示。

图 7-27　　　　　　　　　图 7-28　　　　　　　　　图 7-29

2. 输入文本块

使用"文字"工具 T 或"直排文字"工具 ↓T 可以绘制一个文本框，然后在文本框中输入文字。

选择"文字"工具 T 或"直排文字"工具 ↓T，在页面中需要输入文字的位置单击并按住鼠标左键拖曳，如图 7-30 所示。当绘制的文本框大小符合需要时，释放鼠标，页面上会出现一个蓝色边框且带有选中文本的矩形文本框，如图 7-31 所示。

可以在矩形文本框中输入文字，输入的文字将在指定的区域内排列，如图 7-32 所示。当输入的文字到矩形文本框的边界时，文字将自动换行，文本块的效果如图 7-33 所示。

图 7-30   图 7-31   图 7-32   图 7-33

3. 转换点文本和文本块

在 Illustrator CC 2019 中，在文本框的外侧出现转换点，空心状态的转换点 ⊡–□ 表示当前文本为点文本，实心状态的转换点 ⊡–● 表示当前文本为文本块，双击可将点文字转换为文本块，也可将文本块转换为点文本。

选择"选择"工具 ▶，选取输入的文本块，如图 7-34 所示。将鼠标指针置于右侧的转换点上双击，如图 7-35 所示；将文本块转换为点文本，如图 7-36 所示。再次双击，可将点文本转换为文本块，如图 7-37 所示。

图 7-34   图 7-35   图 7-36   图 7-37

7.1.3 "区域文字"工具的使用

在 Illustrator CC 2019 中，还可以创建任意形状的文本对象。

绘制一个填充颜色的图形对象，如图 7-38 所示。选择"文字"工具 T 或"区域文字"工具 ⊞，当鼠标指针移动到图形对象的边框上时，将变成" Ⓘ "形状，如图 7-39 所示，在图形对象上单击，图形对象的填充和描边填充属性被取消，图形对象转换为文本路径，并且在图形对象内出现一个带有选中文本的区域，如图 7-40 所示。

图 7-38   图 7-39   图 7-40

在选中的文本区域内输入文字，输入的文本会按水平方向排列。如果输入的文字超出了文本路径所能容纳的范围，将出现文本溢出的现象，这时文本路径的右下角会出现一个红色"⊞"号标志的小正方形，效果如图 7-41 所示。

使用"选择"工具 ▶ 选中文本路径，拖曳文本路径周围的控制点来调整文本路径的大小，可以显示所有的文字，如图 7-42 所示。

使用"直排文字"工具 IT 或"直排区域文字"工具 ▥ 与使用"文字"工具 T 的方法是一样的，但"直排文字"工具 IT 或"直排区域文字"工具 ▥ 在文本路径中创建的是竖排文字，如图 7-43 所示。

图 7-41　　　　　　　图 7-42　　　　　　　图 7-43

7.1.4 "路径文字"工具的使用

使用"路径文字"工具 ⌢ 和"直排路径文字"工具 ⌢，可以在创建文本时，让文本沿着一个开放或闭合路径的边缘进行水平或垂直方向的排列，路径可以是规则的也可以是不规则的。如果使用这两种工具，原来的路径将不再具有填充或描边填充的属性。

1．创建路径文本

（1）沿路径创建水平方向文本。

使用"钢笔"工具 ✐，在页面上绘制一个任意形状的开放路径，如图 7-44 所示。使用"路径文字"工具 ⌢，在绘制好的路径上单击，路径将转换为文本路径，且带有选中文本的路径文本，如图 7-45 所示。

图 7-44　　　　　　　　　　　　　　　　图 7-45

在选中的文本区域内输入所需要的文字，文字将会沿着路径排列，文字的基线与路径是平行的，如图 7-46 所示。

图 7-46

（2）沿路径创建垂直方向文本。

使用"钢笔"工具 ✐，在页面上绘制一个任意形状的开放路径，使用"直排路径文字"工具 ⌢ 在绘制好的路径上单击，路径将转换为文本路径，且带有选中文本的路径文本，如图 7-47 所示。

在光标处输入所需要的文字，文字将会沿着路径排列，文字的基线与路径是直排的，如图 7-48 所示。

图 7-47   图 7-48

2. 编辑路径文本

如果对创建的路径文本不满意，可以对其进行编辑。

选择"选择工具" ▶ 或"直接选择"工具 ▷ ，选取要编辑的路径文本。这时在文本开始处会出现一个"I"形的符号，如图 7-49 所示。

图 7-49

拖曳文字左侧的"I"形符号，可沿路径移动文本，如图 7-50 所示。还可以按住"I"形的符号向路径相反的方向拖曳，文本会翻转方向，如图 7-51 所示。

图 7-50   图 7-51

7.2 编辑文本

在 Illustrator CC 2019 中，可以使用选择工具和菜单命令对文本框进行编辑，也可以使用修饰文本工具对文本框中的文本进行单独编辑。

7.2.1 编辑文本块

使用"选择"工具和"菜单"命令可以通过改变文本框的形状来编辑文本。

使用"选择"工具 ▶ 单击文本，可以选中文本对象。完全选中的文本块包括内部文字与文本框。文本块被选中的时候，文字中的基线就会显示出来，如图 7-52 所示。

图 7-52

 提 示

编辑文本之前，必须选中文本。

当文本对象完全被选中后，拖动可以移动其位置。选择"对象 > 变换 > 移动"命令，弹出"移动"对话框，可以通过设置数值来精确移动文本对象。

选择"选择"工具 ▶，单击文本框上的控制点并拖动，可以改变文本框的大小，如图 7-53 所示，释放鼠标，效果如图 7-54 所示。

使用"比例缩放"工具 ⊡ 可以对选中的文本对象进行缩放，如图 7-55 所示。选择"对象 > 变换 > 缩放"命令，弹出"比例缩放"对话框，可以通过设置数值精确缩放文本对象，效果如图 7-56 所示。

图 7-53   图 7-54   图 7-55   图 7-56

编辑部分文字时，先选择"文字"工具 T，移动鼠标指针到文本上，单击并按住鼠标左键拖曳，即可选中部分文本。选中的文本将反白显示，效果如图 7-57 所示。

使用"选择"工具 ▶ 在文本区域内双击，进入文本编辑状态。在文本编辑状态下，双击一句话即可选中这句话；按 Ctrl+A 组合键，可以选中整个段落，如图 7-58 所示。

选择"对象 > 路径 > 清理"命令，弹出"清理"对话框，如图 7-59 所示，勾选"空文本路径"复选项可以删除空的文本路径。

图 7-57   图 7-58   图 7-59

 提示

在其他软件中复制文本，再在 Illustrator CC 2019 中选择"编辑 > 粘贴"命令，可以将其他软件中的文本复制到 Illustrator CC 2019 中。

7.2.2 编辑文字

利用"修饰文字"工具 🗒，可以对文本框中的文本进行单独的属性设置和编辑操作。

选择"修饰文字"工具 🗒，单击选取需要编辑的文字，如图 7-60 所示；在属性栏中设置适当的字体和文字大小，效果如图 7-61 所示。再次单击选取需要的文字，如图 7-62 所示；拖曳右下角的节点调整文字的水平比例，如图 7-63 所示；松开鼠标，效果如图 7-64 所示，拖曳左上角的节点可以调整文字的垂直比例，拖曳右上角的节点可以等比例缩放文字。

图 7-60   图 7-61   图 7-62   图 7-63   图 7-64

再次单击选取需要的文字，如图 7-65 所示。拖曳左下角的节点，可以调整文字的基线偏移，如图 7-66 所示，松开鼠标，效果如图 7-67 所示。将鼠标指针置于正上方的空心节点处，鼠标指针变为旋转图标，拖曳鼠标，如图 7-68 所示；旋转文字，效果如图 7-69 所示。

| 图 7-65 | 图 7-66 | 图 7-67 | 图 7-68 | 图 7-69 |

7.2.3 创建文本轮廓

选中文本，选择"文字 > 创建轮廓"命令（组合键为 Shift+Ctrl+O），创建文本轮廓，如图 7-70 所示。文本转化为轮廓后，用户可以对文本进行渐变填充，效果如图 7-71 所示；还可以对文本应用滤镜，效果如图 7-72 所示。

图 7-70　　　　　　　图 7-71　　　　　　　图 7-72

 提 示

文本转化为轮廓后，将不再具有文本的一些属性，这就需要在文本转化成轮廓之前先按需要调整文本的字体大小。而且将文本转化为轮廓时，会把文本框中的文本全部转化为路径。不能在一行文本内转化单个文字。

7.3 设置字符格式

在 Illustrator CC 2019 中，可以设定字符的格式。这些格式包括文字的字体、字号、颜色和字符间距等。

选择"窗口 > 文字 > 字符"命令（组合键为 Ctrl+T），弹出"字符"控制面板，如图 7-73 所示。

"设置字体系列"选项：单击选项文本框右侧的按钮 ∨，可以从弹出的下拉列表中选择一种需要的字体。

"设置字体大小"选项 TT：用于控制文本的大小，单击数值框左侧的上、下微调按钮 ↕，可以逐级调整字号大小的数值。

"设置行距"选项 ：用于控制文本的行距，定义文本中行与行之间的距离。

"垂直缩放"选项 ：可以使文字尺寸横向保持不变，纵向被缩放，缩放比例小于 100% 表示文字被压扁，大于 100% 表示文字被拉长。

图 7-73

"水平缩放"选项^T：可以使文字的纵向大小保持不变，横向被缩放，缩放比例小于 100% 表示文字被压扁，大于 100% 表示文字被拉伸。

"设置两个字符间的字距微调"选项^{V/A}：用于细微地调整两个字符之间的水平间距。输入正值时，字距变大，输入负值时，字距变小。

"设置所选字符的字距调整"选项^{V/A}：用于调整字符与字符之间的距离。

"设置基线偏移"选项^{A#}：用于调节文字的上下位置。可以通过此项设置为文字制作上标或下标。正值时表示文字上移，负值时表示文字下移。

"字符旋转"选项^T：用于设置字符的旋转角度。

7.3.1　课堂案例——制作文字海报

案例学习目标

学习使用"文字"工具、"字符"控制面板制作文字海报。

案例知识要点

使用"置入"命令置入素材图片；使用"直线段"工具、"描边"控制面板绘制装饰线条；使用"钢笔"工具、"路径文字"工具制作路径文字；使用"文字"工具、"直排文字"工具和"字符"控制面板添加海报内容。文字海报效果如图 7-74 所示。

效果所在位置

资源包 > Ch07 > 效果 > 制作文字海报 .ai。

图 7-74

制作文字海报

STEP 1 按 Ctrl+N 组合键，弹出"新建文档"对话框，设置文档的宽度为 600 px，高度为 600 px，取向为横向，颜色模式为 RGB，单击"创建"按钮，新建一个文档。

STEP 2 选择"文件 > 置入"命令，弹出"置入"对话框，选择资源包中的"Ch07 > 素材 > 制作文字海报 > 01"文件，单击"置入"按钮，在页面中单击置入图片，单击属性栏中的"嵌入"按钮，嵌入图片，如图 7-75 所示。

STEP 3 选择"窗口 > 对齐"命令，弹出"对齐"控制面板，将对齐方式设置为"对齐画板"，如图 7-76 所示。分别单击"水平居中对齐"按钮[♣]和"垂直居中对齐"按钮[♣]，图片与页面居中对齐，效果如图 7-77 所示。按 Ctrl+2 组合键，锁定所选对象。

STEP 4 选择"文字"工具^T，在页面中分别输入需要的文字，选择"选择"工具[▶]，在属性栏中分别选择合适的字体并设置文字大小，效果如图 7-78 所示。

STEP 5 选取文字"森林的声音"，按 Ctrl+T 组合键，弹出"字符"控制面板，将"设置所选字符的字距调整"^{V/A}选项设置为 150，其他选项的设置如图 7-79 所示；按 Enter 键确定操作，效果如图 7-80 所示。

图 7-75

图 7-76

图 7-77

图 7-78

图 7-79

图 7-80

STEP 6 选取英文"VOICE OF THE FOREST",在"字符"控制面板中,将"设置所选字符的字距调整" VA 选项设为 400,其他选项的设置如图 7-81 所示;按 Enter 键确定操作,效果如图 7-82 所示。

图 7-81

图 7-82

STEP 7 选择"文字"工具 T,在文字"尚"右侧单击鼠标左键,插入光标,如图 7-83 所示。选择"文字 > 字形"命令,弹出"字形"控制面板,设置字体并选择需要的字形,如图 7-84 所示;双击鼠标左键插入字形,效果如图 7-85 所示。

森林的声音
VOICE OF THE FOREST
时尚简约低调

图 7-83

图 7-84

森林的声音
VOICE OF THE FOREST
时尚·简约低调

图 7-85

STEP 8 连续按 6 次空格键,插入空格,如图 7-86 所示;使用"文字"工具 T,选取刚插入的空格,如图 7-87 所示;按 Ctrl+C 组合键,复制空格;在文字"尚"右侧单击鼠标左键,插入光标,按 Ctrl+V 组合键,粘贴空格,如图 7-88 所示。

森林的声音 森林的声音 森林的声音

VOICE OF THE FOREST VOICE OF THE FOREST VOICE OF THE FOREST

时尚· 简约低调　　　　时尚·简约低调　　　　时尚· 简约低调

图 7-86　　　　　　　　图 7-87　　　　　　　　图 7-88

STEP 9 使用"文字"工具 T ，选取字形和空格，如图 7-89 所示，按 Ctrl+C 组合键，复制字形和空格；在文字"约"右侧单击鼠标左键，插入光标，按 Ctrl+V 组合键，粘贴字形和空格，如图 7-90 所示。

森林的声音 森林的声音

VOICE OF THE FOREST VOICE OF THE FOREST

时尚·简约低调　　　　时尚· 简约低调

图 7-89　　　　　　　　图 7-90

STEP 10 选择"直线段"工具 ，按住 Shift 键的同时，在适当的位置绘制一条直线，效果如图 7-91 所示。选择"选择"工具 ，按住 Alt+Shift 组合键的同时，水平向右拖曳直线到适当的位置，复制直线，效果如图 7-92 所示。

—2021　　　　— 2021

林的声 林的声

图 7-91　　　　　　　　图 7-92

STEP 11 选择"钢笔"工具 ，在适当的位置绘制一条曲线，如图 7-93 所示。选择"路径文字"工具 ，在曲线路径上单击鼠标左键，出现一个带有选中文本的文本区域，如图 7-94 所示；输入需要的文字，在属性栏中选择合适的字体并设置适当的文字大小，效果如图 7-95 所示。单击属性栏中的"居中对齐"按钮 ，效果如图 7-96 所示。

图 7-93　　　　　　　　图 7-94

图 7-95　　　　　　　　图 7-96

STEP 12 在"字符"控制面板中，将"设置所选字符的字距调整"选项设为 400，其他选项的设置如图 7-97 所示；按 Enter 键确定操作，效果如图 7-98 所示。

图 7-97   图 7-98

STEP 13 选择"直排文字"工具，在适当的位置输入需要的文字，选择"选择"工具，在属性栏中选择合适的字体并设置文字大小，效果如图 7-99 所示。

STEP 14 在"字符"控制面板中，将"设置所选字符的字距调整"选项设为 180，其他选项的设置如图 7-100 所示；按 Enter 键确定操作，效果如图 7-101 所示。

图 7-99   图 7-100   图 7-101

STEP 15 选择"直线段"工具，按住 Shift 键的同时，在适当的位置绘制一条竖线，效果如图 7-102 所示。设置描边色为草绿色（其 R、G、B 的值分别为 140、177、125），填充描边，效果如图 7-103 所示。

STEP 16 选择"窗口 > 描边"命令，弹出"描边"控制面板，勾选"虚线"复选框，数值被激活，各选项的设置如图 7-104 所示；按 Enter 键确定操作，效果如图 7-105 所示。

图 7-102   图 7-103   图 7-104   图 7-105

STEP 17 选择"选择"工具，按住 Shift 键的同时，单击上方文字将其同时选取，按住

Alt+Shift 组合键的同时，水平向右拖曳文字和图形到适当的位置，复制文字和图形，效果如图 7-106 所示。选择"直排文字"工具 $\boxed{|T|}$，选取并重新输入需要的文字，效果如图 7-107 所示。

图 7-106   图 7-107

STEP ⤵**18** 选择"矩形"工具 ▣，在适当的位置绘制一个矩形，设置描边色为草绿色（其 R、G、B 的值分别为 140、177、125），填充描边，效果如图 7-108 所示。

STEP ⤵**19** 选择"文字"工具 T，在适当的位置输入需要的文字，选择"选择"工具 ▶，在属性栏中选择合适的字体并设置文字大小，效果如图 7-109 所示。

图 7-108   图 7-109

STEP ⤵**20** 在"字符"控制面板中，将"设置所选字符的字距调整" Ⅶ 选项设置为 180，其他选项的设置如图 7-110 所示；按 Enter 键确定操作，效果如图 7-111 所示。

图 7-110   图 7-111

STEP ⤵**21** 选择"直线段"工具 ✏，按住 Shift 键的同时，在适当的位置绘制一条直线，效果如图 7-112 所示。选择"吸管"工具 ✏，将吸管 ✏ 图标放置在上方虚线上，单击吸取属性，如图 7-113 所示。

图 7-112   图 7-113

STEP ⤵**22** 选择"选择"工具 ▶，按住 Alt+Shift 组合键的同时，水平向右拖曳直线到适当的位置，复制直线，效果如图 7-114 所示。文字海报制作完成，效果如图 7-115 所示。

初夏新品 限时特惠

图 7-114 　　　　　　　　　　　　　　　　 图 7-115

7.3.2　设置字体和字号

选择"字符"控制面板，在"字体"选项的下拉列表中选择一种字体即可将该字体应用到选中的文字中，各种字体的效果如图 7-116 所示。

Illustrator CC 2019 提供的每种字体都有一定的字形，如常规、加粗和斜体等，字体的具体选项因字而定。

Illustrator
文鼎齿轮体

Illustrator
文鼎弹簧体

Illustrator
文鼎花瓣体

Illustrator
Arial

Illustrator
Arial Black

Illustrator
ITC Garamond

图 7-116

 提示

默认字体单位为 pt，72pt 相当于 1 英寸。默认状态下字号为 12pt，可调整的范围为 0.1 ～ 1296。

设置字体的具体操作如下。

选中部分文本，如图 7-117 所示。选择"窗口 > 文字 > 字符"命令，弹出"字符"控制面板，从"字体"选项的下拉列表中选择一种字体，如图 7-118 所示；或选择"文字 > 字体"命令，在列出的字体中进行选择，更改文本字体后的效果如图 7-119 所示。

图 7-117 　　　　　　　　 图 7-118 　　　　　　　　 图 7-119

选中文本，单击"设置字体大小"选项 ⟨T 12 pt ⟩数值框后的按钮 ∨，在弹出的下拉列表中可以选择适合的字体大小；也可以通过数值框左侧的上、下微调按钮 ↕ 来调整字号大小。文本字号分别为28pt 和 33pt 时的效果如图 7-120 和图 7-121 所示。

图 7-120   图 7-121

7.3.3 设置行距

行距是指文本中行与行之间的距离。如果没有自定义行距值，系统将使用自动行距，这时系统将以最适合的参数设置行间距。

选中文本，如图 7-122 所示。在"字符"控制面板的"设置行距"选项 ⟨A 数值框中输入所需要的数值，可以调整行与行之间的距离。设置"行距"数值为 48，按 Enter 键确认，行距效果如图 7-123所示。

图 7-122   图 7-123

7.3.4 水平或垂直缩放

当改变文本的字号时，它的高度和宽度将同时发生改变，而利用"垂直缩放"选项 ⟨T 或"水平缩放"选项 T 可以单独改变文本的高度和宽度。

默认状态下，对于横排的文本，"垂直缩放"选项 ⟨T 保持文字的宽度不变，只改变文字的高度；"水平缩放"选项 T 将在保持文字高度不变的情况下，改变文字宽度；对于竖排的文本，会产生相反的效果，即"垂直缩放"选项 ⟨T 改变文本的宽度，"水平缩放"选项 T 改变文本的高度。

选中文本，如图 7-124 所示，文本为默认状态下的效果。在"垂直缩放"选项 ⟨T 数值框内设置数值为 175%，按 Enter 键确认，文字的垂直缩放效果如图 7-125 所示。

在"水平缩放"选项 T 数值框内设置数值为 175%，按 Enter 键确认，文字的水平缩放效果如图 7-126所示。

图 7-124   图 7-125   图 7-126

7.3.5 调整字距

当需要调整文字或字符之间的距离时，可使用"字符"控制面板中的两个选项，即"设置两个字符间的字距微调"选项 V/A 和"设置所选字符的字距调整"选项 V/A。"设置两个字符间的字距微调"选项 V/A 用于控制两个文字或字母之间的距离。"设置所选字符的字距调整"选项 V/A 用于使两个或更多个被选择的文字或字母之间保持相同的距离。

选中要设定字距的文字，如图 7-127 所示。在"字符"控制面板中的"设置两个字符间的字距微调"选项 V/A 的下拉列表中选择"自动"选项，这时程序就会以最合适的参数值设置选中文字的距离。

图 7-127

提示

在"设置两个字符间的字距微调"选项的数值框中键入 0 时，将关闭自动调整文字距离的功能。

将光标插入到需要调整间距的两个文字或字符之间，如图 7-128 所示。在"设置两个字符间的字距微调"选项 V/A 的数值框中输入所需的数值，就可以调整两个文字或字符之间的距离。设置数值为 300，按 Enter 键确认，字距效果如图 7-129 所示；设置数值为 -300，按 Enter 键确认，字距效果如图 7-130 所示。

图 7-128   图 7-129   图 7-130

选中整个文本对象，如图 7-131 所示，在"设置所选字符的字距调整"选项 V/A 的数值框中输入所需要的数值，可以调整文本字符间的距离。设置数值为 200，按 Enter 键确认，字距效果如图 7-132 所示；设置数值为 -200，按 Enter 键确认，字距效果如图 7-133 所示。

图 7-131   图 7-132   图 7-133

7.3.6 基线偏移

基线偏移就是改变文字与基线的距离，从而提高或降低被选中文字相对于其他文字的排列位置，达到突出显示的目的。使用"基线偏移"选项 A↕ 可以创建上标或下标，或在不改变文本方向的情况下，更改路径文本在路径上的排列位置。

如果"基线偏移"选项 A↕ 在"字符"控制面板中是隐藏的，可以从"字符"控制面板的弹出式菜单中选择"显示选项"命令，如图 7-134 所示；显示出"基线偏移"选项 A↕，如图 7-135 所示。

图 7-134   图 7-135

"基线偏移"选项 可以用于改变文本在路径上的位置。文本在路径的外侧时，选中文本，如图 7-136 所示。在"基线偏移"选项 的数值框中设置数值为 -30，按 Enter 键确认，文本移动到路径的内侧，效果如图 7-137 所示。

图 7-136　　　　　　　　　　　图 7-137

通过"基线偏移"选项 ，还可以制作出有上标和下标显示的数学题。输入需要的数值，如图 7-138 所示，将表示平方的字符"2"选中并使用较小的字号，如图 7-139 所示。再在"基线偏移"选项 的数值框中设置数值为 28，按 Enter 键确认，平方的字符制作完成，如图 7-140 所示。使用相同的方法就可以制作出数学题，效果如图 7-141 所示。

$$22+52=29 \qquad 2\,2+52=29 \qquad 2^2+52=29 \qquad 2^2+5^2=29$$

图 7-138　　　　　　　图 7-139　　　　　　　图 7-140　　　　　　　图 7-141

提示

若要取消"基线偏移"的效果，选择相应的文本后，在"基线偏移"选项的数值框中设置数值为 0 即可。

7.3.7　文本的颜色和变换

Illustrator CC 2019 中的文字和图形一样，具有填充和描边属性。文字在默认设置状态下，描边颜色为无色，填充颜色为黑色。

使用工具箱中的"填色"或"描边"按钮，可以将文字设置为填充或描边状态。使用"颜色"控制面板可以填充或更改文本的填充颜色或描边颜色。使用"色板"控制面板中的颜色和图案可以为文字上色和填充图案。

提示

在对文本进行轮廓化处理前，渐变的效果不能应用到文字上。

选中文本，在工具箱中单击"填色"按钮，如图 7-142 所示。在"色板"控制面板中单击需要的颜色，如图 7-143 所示，文字的颜色填充效果如图 7-144 所示。在"色板"控制面板中单击需要的图案，如图 7-145 所示，文字的图案填充效果如图 7-146 所示。

图 7-142　　　　　　　　　图 7-143　　　　　　　　　图 7-144

图 7-145   图 7-146

选中文本，在工具箱中单击"描边"按钮，在"描边"控制面板中设置描边的宽度，如图 7-147 所示，文字的描边效果如图 7-148 所示。在"色板"控制面板中单击需要的图案，如图 7-149 所示，文字描边的图案填充效果如图 7-150 所示。

图 7-147   图 7-148   图 7-149   图 7-150

选择"对象 > 变换"命令或"变换"工具，可以对文本进行变换。选中要变换的文本，再利用各种变换工具对文本进行旋转、对称、缩放和倾斜等变换操作。倾斜效果如图 7-151 所示，旋转效果如图 7-152 所示，对称效果如图 7-153 所示。

图 7-151   图 7-152   图 7-153

7.4 设置段落格式

"段落"控制面板提供了文本对齐、段落缩进、段落间距及制表符等设置，可用于处理较长的文本。打开"段落"控制面板的方法是：选择"窗口 > 文字 > 段落"命令（组合键为 Alt+Ctrl+T），弹出"段落"控制面板，如图 7-154 所示。

图 7-154

7.4.1　文本对齐

文本对齐是指所有的文字在段落中按一定的标准有序地排列。Illustrator CC 2019 提供了 7 种文本对齐的方式，分别为左对齐、居中对齐、右对齐、两端对齐末行左对齐、两端对齐末行居中对齐、两端对齐末行右对齐和全部两端对齐。

选中要对齐的段落文本，单击"段落"控制面板中的各个对齐方式按钮，应用不同对齐方式的段落文本效果如图 7-155 所示。

左对齐　　　　居中对齐　　　　右对齐

两端对齐末行左对齐　　两端对齐末行居中对齐　　两端对齐末行右对齐　　全部两端对齐

图 7-155

7.4.2　段落缩进

段落缩进是指在一个段落文本开始时需要空出的字符位置。选定的段落文本可以是文本块、区域文本或文本路径。段落缩进有 5 种方式："左缩进"、"右缩进"、"首行左缩进"、"段前间距"和"段后间距"。

选中段落文本，单击"左缩进"图标或"右缩进"图标，在缩进数值框内输入合适的数值。单击"左缩进"图标或"右缩进"图标右边的上下微调按钮，一次可以调整 1pt。在缩进数值框内输入正值时，表示文本框和文本之间的距离拉开；输入负值时，表示文本框和文本之间的距离缩小。

单击"首行左缩进"图标，在第 1 行左缩进数值框内输入数值可以设置首行缩进后空出的字符位置。应用"段前间距"图标和"段后间距"图标，可以设置段落间的距离。

选中要缩进的段落文本，单击"段落"控制面板中的各个缩进方式按钮，应用不同缩进方式的段落文本效果如图 7-156 所示。

左缩进　　　　右缩进　　　　首行左缩进

段前间距　　　　段后间距

图 7-156

7.5 分栏和链接文本

在 Illustrator CC 2019 中，大的段落文本经常采用分栏页面形式。分栏时，可自动创建链接文本，也可手动创建文本的链接。

7.5.1 创建文本分栏

在 Illustrator CC 2019 中，可以对一个选中的段落文本块进行分栏。不能对点文本或路径文本进行分栏，也不能对一个文本块中的部分文本进行分栏。

选中要进行分栏的文本块，如图 7-157 所示，选择"文字 > 区域文字选项"命令，弹出"区域文字选项"对话框，如图 7-158 所示。

图 7-157　　　　　　　　　　　　图 7-158

在"行"选项组中的"**数量**"选项中输入行数，所有的行自动定义为相同的高度，建立文本分栏后可以改变各行的高度。"跨距"选项用于设置行的高度。

在"列"选项组中的"**数量**"选项中输入栏数，所有的栏自动定义为相同的宽度，建立文本分栏后可以改变各栏的宽度。"跨距"选项用于设置栏的宽度。

单击"文本排列"选项后的图标按钮 ，可以选择一种文本流在链接时的排列方式，每个图标上的方向箭指明了文本流的方向。

在"区域文字选项"对话框中按图 7-159 所示进行设定，单击"确定"按钮创建文本分栏，如图 7-160 所示。

图 7-159　　　　　　　　　　　　图 7-160

7.5.2　链接文本块

如果文本块出现文本溢出的现象，可以通过调整文本块的大小显示所有文本，也可以将溢出的文本链接到另一个文本框中，还可以进行多个文本框的链接。点文本和路径文本不能被链接。

选择有文本溢出的文本块。在文本框的右下角出现⊞图标，表示因文本框太小有文本溢出，需要绘制一个闭合路径或创建一个文本框，同时将文本块和闭合路径选中，如图 7-161 所示。

选择"文字 > 串接文本 > 创建"命令，左边文本框中溢出的文本会自动移到右边的闭合路径中，效果如图 7-162 所示。

图 7-161　　　　　　　　　　　　　　　图 7-162

如果右边的文本框中还有文本溢出，可以继续添加文本框来链接溢出的文本，方法同上。链接的多个文本框其实还是一个文本块。选择"文字 > 串接文本 > 释放所选文字"命令，可以解除各文本框之间的链接状态。

7.6 图文混排

图文混排效果是版式设计中经常使用的一种效果，使用文本绕图命令可以制作出漂亮的图文混排效果。文本绕图对整个文本框起作用，对于文本框中的部分文本，以及点文本、路径文本都不能进行文本绕图。

在文本框上放置图形并调整好位置，同时选中文本框和图形，如图 7-163 所示。选择"对象 > 文本绕排 > 建立"命令，建立文本绕排，文本和图形结合在一起，效果如图 7-164 所示。要增加绕排的图形，可先将图形放置在文本框上，再选择"对象 > 文本绕排 > 建立"命令，文本绕图将会重新排列，效果如图 7-165 所示。

图 7-163　　　　　　　　图 7-164　　　　　　　　图 7-165

选中文本绕图对象，选择"对象 > 文本绕排 > 释放"命令，可以取消文本绕图。

提示

图形必须放置在文本块之上才能进行文本绕图。

7.7 课堂练习——制作服装饰品杂志封面

练习知识要点

使用"置入"命令导入背景底图；使用"文字"工具、"字符"控制面板添加杂志名称及栏目内容。效果如图 7-166 所示。

效果所在位置

资源包 > Ch07 > 效果 > 制作服装饰品杂志封面 .ai。

图 7-166

制作服装饰品杂志封面

7.8 课后习题——制作美食线下海报

习题知识要点

使用"文本"工具、"字符"控制面板添加并编辑标题文字；使用"钢笔"工具、"路径文字"工具制作路径文字。效果如图 7-167 所示。

效果所在位置

资源包 > Ch07 > 效果 > 制作美食线下海报 .ai。

图 7-167

制作美食线下海报

第8章
图表的编辑

　　Illustrator CC 2019不仅具有强大的绘图功能，还具有强大的图表处理功能。本章系统地介绍了Illustrator CC 2019中提供的9种基本图表工具。通过学习图表工具的使用，读者可以创建出不同类型的表格，以更好地展示复杂的数据。另外，读者可以通过自定义图表图案，把创建的图案应用到图表中，从而更加生动地展示数据内容。

课堂学习目标

- 熟练掌握图表创建的方法
- 掌握设置图表属性的方法
- 掌握自定义图表图案的方法

8.1 创建图表

Illustrator CC 2019 提供了 9 种不同的图表工具，利用这些工具可以创建不同类型的图表。

8.1.1 课堂案例——制作招聘求职领域月活跃人数图表

案例学习目标

学习使用"图表绘制"工具、"图表类型"对话框制作招聘求职领域月活跃人数图表。

案例知识要点

使用"矩形"工具、"多边形"工具制作图表底图；使用"柱形图"工具、"图表类型"对话框和"文字"工具制作柱形图表；使用"文字"工具、"字符"控制面板添加文字信息。招聘求职领域月活跃人数图表效果如图 8-1 所示。

效果所在位置

资源包 > Ch08 > 效果 > 制作招聘求职领域月活跃人数图表 .ai。

图 8-1

制作招聘求职领域月活跃
人数图表

STEP 1 按 Ctrl+N 组合键，弹出"新建文档"对话框，设置文档的宽度为 254mm，高度为 190.5mm，取向为横向，颜色模式为 RGB，单击"创建"按钮，新建一个文档。

STEP 2 选择"矩形"工具 ▢，绘制一个与页面大小相等的矩形，设置填充色为浅蓝色（其 R、G、B 的值分别为 115、224、229），填充图形，并设置描边色为无，效果如图 8-2 所示。

STEP 3 选择"多边形"工具 ⬡，在页面中单击鼠标左键，弹出"多边形"对话框，选项的设置如图 8-3 所示，单击"确定"按钮，出现一个多边形。选择"选择"工具 ▶，拖曳多边形到适当的位置，设置填充色为深蓝色（其 R、G、B 的值分别为 40、175、198），填充图形，并设置描边色为无，效果如图 8-4 所示。

图 8-2

图 8-3

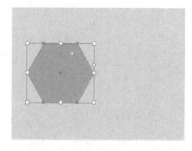

图 8-4

STEP 4 按 Ctrl+O 组合键，打开资源包中的 "Ch08 > 素材 > 制作招聘求职领域月活跃人数图表 > 01" 文件，选择 "选择" 工具 ▶，选取需要的图形，按 Ctrl+C 组合键，复制图形。选择正在编辑的页面，按 Ctrl+V 组合键，将其粘贴到页面中，并拖曳复制的图形到适当的位置，效果如图 8-5 所示。

STEP 5 选择 "文字" 工具 T，在页面中分别输入需要的文字，选择 "选择" 工具 ▶，在属性栏中选择合适的字体并设置文字大小，效果如图 8-6 所示。

STEP 6 选择 "矩形" 工具 ▢，在适当的位置绘制一个矩形，设置填充色为深蓝色（其 R、G、B 的值分别为 40、175、198），填充图形，并设置描边色为无，效果如图 8-7 所示。

图 8-5   图 8-6   图 8-7

STEP 7 选择 "柱形图" 工具 ☷，在页面中单击，弹出 "图表" 对话框，选项的设置如图 8-8 所示。单击 "确定" 按钮，弹出 "图表数据" 对话框，单击 "导入数据" 按钮 ▦，弹出 "导入图表数据" 对话框，选择资源包中的 "Ch08 > 素材 > 制作招聘求职领域月活跃人数图表 > 数据信息" 文件，单击 "打开" 按钮，导入需要的数据，效果如图 8-9 所示。

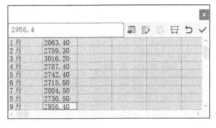

图 8-8   图 8-9

STEP 8 导入完成后，单击 "应用" 按钮 ✓，再关闭 "图表数据" 对话框，建立柱形图表，效果如图 8-10 所示。双击 "柱形图" 工具 ☷，弹出 "图表类型" 对话框，选项的设置如图 8-11 所示，单击 "确定" 按钮，效果如图 8-12 所示。

图 8-10   图 8-11   图 8-12

STEP 9 选择"选择"工具 ▶，在属性栏中选择合适的字体并设置文字大小，效果如图 8-13 所示。选择"编组选择"工具 ▷，按住 Shift 键的同时，依次单击选取需要的矩形，设置填充色为深蓝色（其 R、G、B 的值分别为 40、175、198），填充图形，并设置描边色为无，效果如图 8-14 所示。

STEP 10 使用"编组选择"工具 ▷，按住 Shift 键的同时，依次单击选取需要的刻度线，设置描边色为灰色（其 R、G、B 的值分别为 125、125、125），填充描边，效果如图 8-15 所示。

图 8-13　　　　　　　图 8-14　　　　　　　图 8-15

STEP 11 使用"编组选择"工具 ▷，选取下方类别轴线，按 Shift+Ctrl+] 组合键，将其置于顶层，效果如图 8-16 所示。

STEP 12 选择"文字"工具 T，在适当的位置分别输入需要的文字，选择"选择"工具 ▶，在属性栏中选择合适的字体并设置文字大小，效果如图 8-17 所示。

图 8-16　　　　　　　　　图 8-17

STEP 13 选择"选择"工具 ▶，用框选的方法同时选取柱形图和输入的数值文字，按 Ctrl+G 组合键，将其编组，并拖曳编组图表到页面中适当的位置，效果如图 8-18 所示。

STEP 14 选择"文字"工具 T，在适当的位置输入需要的文字，选择"选择"工具 ▶，在属性栏中选择合适的字体并设置文字大小，效果如图 8-19 所示。

图 8-18　　　　　　　　　图 8-19

STEP 15 按 Ctrl+T 组合键，弹出"字符"控制面板，将"设置行距" 选项设置为 18 pt，其他选项的设置如图 8-20 所示；按 Enter 键确定操作，效果如图 8-21 所示。招聘求职领域月活跃人数图表制作完成，效果如图 8-22 所示。

图 8-20

图 8-21

图 8-22

8.1.2 图表工具

单击工具箱中的"柱形图"工具 并按住鼠标左键不放，将弹出图表工具组。工具组中包含的图表工具依次为"柱形图"工具 、"堆积柱形图"工具 、"条形图"工具 、"堆积条形图"工具 、"折线图"工具 、"面积图"工具 、"散点图"工具 、"饼图"工具 、"雷达图"工具 ，如图 8-23 所示。

图 8-23

8.1.3 柱形图

柱形图是较为常用的一种图表类型，它使用一些竖排的、高度可变的矩形柱来表示各种数据，矩形的高度与数据大小成正比。创建柱形图的具体步骤如下。

选择"柱形图"工具 ，在页面中拖曳鼠标绘制出一个矩形区域来设置图表大小，或在页面上任意位置单击，将弹出"图表"对话框，如图 8-24 所示。在"宽度"选项和"高度"选项的数值框中输入图表的宽度和高度数值，设定完成后，单击"确定"按钮，将自动在页面中建立图表，如图 8-25 所示；同时弹出"图表数据"对话框，如图 8-26 所示。

图 8-24

图 8-25

图 8-26

在"图表数据"对话框左上方的文本框中可以直接输入各种文本或数值，然后按 Tab 键或 Enter 键确认，文本或数值将会自动添加到"图表数据"对话框的单元格中。单击可以选取各个单元格，输入要更改的文本或数据值后，再按 Enter 键确认。

在"图表数据"对话框右上方有一组按钮。单击"导入数据"按钮 ，可以从外部文件中输入数据信息。单击"换位行/列"按钮 ，可将横排和竖排的数据相互交换位置。单击"切换 X/Y 轴"按钮 ，将调换 X 轴和 Y 轴的位置。单击"单元格样式"按钮 ，弹出"单元格样式"对话框，可以设置单元格的样式。单击"恢复"按钮 ，在单击"应用"按钮 之前使文本框中的数据恢复到前一个状态。单击"应用"按钮 ，确认输入的数值并生成图表。

　　单击"单元格样式"按钮 ⊟，将弹出"单元格样式"对话框，如图8-27所示。该对话框可以设置小数点的位置和数字栏的宽度。可以在"小数位数"和"列宽度"选项的文本框中输入所需要的数值。另外，将鼠标指针放置在各单元格相交处时，将会变成两条竖线和双向箭头的形状 ╫，这时拖曳鼠标指针可调整数字栏的宽度。

　　双击"柱形图"工具 ▥，将弹出"图表类型"对话框，如图8-28所示。柱形图表是默认的图表，其他参数也采用默认设置，单击"确定"按钮。

　　在"图表数据"对话框中的文本表格的第1格中单击，删除默认数值1。按照文本表格的组织方式输入数据。如用来比较3个人3科分数情况的表格如图8-29所示。

图8-27　　　　　　　　　　　图8-28　　　　　　　　　　　图8-29

　　单击"应用"按钮 ✓，生成图表，所输入的数据被应用到图表上，柱形图效果如图8-30所示，从图中可以看到，柱形图是对每一行中的数据进行比较。

　　在"图表数据"对话框中单击"换位行/列"按钮 ⬚，互换行、列数据得到新的柱形图，效果如图8-31所示。在"图表数据"对话框中单击关闭按钮 ▣ 将关闭对话框。

图8-30　　　　　　　　　　　　　　　图8-31

　　当需要对柱形图中的数据进行修改时，先选取要修改的图表，选择"对象 > 图表 > 数据"命令，弹出"图表数据"对话框。在对话框中可以再次修改数据，设置数据后，单击"应用"按钮 ✓，将修改后的数据应用到选定的图表中。

　　选取图表，在页面中单击鼠标右键，在弹出的菜单中选择"类型"命令，弹出"图表类型"对话框，可以在对话框中选择其他的图表类型。

8.1.4　其他图表效果

1. 堆积柱形图

　　堆积柱形图与柱形图类似，只是它们的显示方式不同。柱形图显示为单一的数据比较，而堆积柱形图显示的是全部数据总和的比较。因此，在进行数据总量的比较时，多用堆积柱形图来表示，如图

8-32 所示。从图表中可以看出，堆积柱形图对每个人的数值总量进行比较，并且每一个人的数值都用不同颜色的矩形来显示。

2. 条形图和堆积条形图

条形图与柱形图类似，只是柱形图是以垂直方向上的矩形显示图表中的各组数据，而条形图是以水平方向上的矩形来显示图表中的数据，如图 8-33 所示。

堆积条形图与堆积柱形图类似，但是堆积条形图是以水平方向的矩形条来显示数据总量的，堆积柱形图正好与之相反。堆积条形图如图 8-34 所示。

3. 折线图

折线图可以显示出某种事物随时间变化的发展趋势，很明显地表现出数据的变化走向。折线图也是一种比较常见的图表，给人以直接明了的视觉效果。与创建柱形图的步骤相似，选择"折线图"工具 ∠，拖曳鼠标指针绘制出一个矩形区域，或在页面上任意位置单击鼠标左键，在弹出的"图表数据"对话框中输入相应的数据，最后单击"应用"按钮 ✓，折线图表如图 8-35 所示。

图 8-32   图 8-33

图 8-34   图 8-35

4. 面积图

面积图可以用来表示一组或多组数据。通过不同折线连接图表中所有的点，形成面积区域，并且折线内部可填充为不同的颜色。面积图其实与折线图表类似，是一个填充了颜色的线段图表，如图 8-36 所示。

5. 散点图

散点图是一种比较特殊的数据图表。散点图的横坐标和纵坐标都是数据坐标，两组数据的交叉点形成了坐标点。因此，它的数据点由横坐标和纵坐标确定。图表中的数据点位置所创建的线能贯穿自身却无具体方向，如图 8-37 所示。散点图不适合用于太复杂的内容，它只适合显示图例的说明。

6. 饼图

饼图适用于在一个整体中进行各组成部分的比较。该类图表应用的范围比较广。饼图的数据整体显示为一个圆，每组数据按照其在整体中所占的比例，以不同颜色的扇形区域显示出来。但是它不能准确地显示出各部分的具体数值，如图 8-38 所示。

7. 雷达图

雷达图是一种较为特殊的图表类型，它以一种环形的形式对图表中的各组数据进行比较，形成比较明显的数据对比。雷达图适合表现一些变换悬殊的数据，如图 8-39 所示。

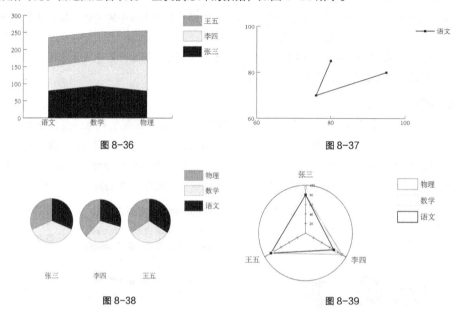

图 8-36

图 8-37

图 8-38

图 8-39

8.2 设置图表

在 Illustrator CC 2019 中，可以重新调整各种类型图表的选项，以及更改某一组数据，还可以解除图表组合，对其应用描边或填色。

8.2.1 设置"图表数据"对话框

选中图表，单击鼠标右键，在弹出的菜单中选择"数据"命令，或直接选择"对象 > 图表 > 数据"命令，弹出"图表数据"对话框。在对话框中可以进行数据的修改。

（1）编辑一个单元格。

选取该单元格，在文本框中输入新的数据，按 Enter 键确认并下移到另一个单元格。

（2）删除数据。

选取数据单元格，删除文本框中的数据，按 Enter 键确认并下移到另一个单元格。

（3）删除多个数据。

选取要删除数据的多个单元格，选择"编辑 > 清除"命令，即可删除多个数据。

8.2.2 设置"图表类型"对话框

1. 设置图表选项

选中图表，双击"图表工具"或选择"对象 > 图表 > 类型"命令，弹出"图表类型"对话框，如图 8-40 所示。在"数值轴"

图 8-40

选项的下拉列表中包括"位于左侧""位于右侧""位于两侧"选项，用来表示图表中坐标轴的位置，可根据需要选择（对饼形图表来说此选项不可用）。

"样式"选项组包括 4 个选项。勾选"添加投影"复选项，可以为图表添加一种阴影效果；勾选"在顶部添加图例"复选项，可以将图表中的图例说明放到图表的顶部；勾选"第一行在前"复选项，图表中的各个柱形或其他对象将会重叠地覆盖行，并按照从左到右的顺序排列；"第一列在前"复选项，是默认的放置柱形的方式，它能够从左到右依次放置柱形。

"选项"选项组包括两个选项。"列宽""簇宽度"两个选项分别用于控制图表的横栏宽和组宽。横栏宽是指图表中每个柱形条的宽度，组宽是指所有柱形所占据的可用空间。

选择折线图、散点图和雷达图时，"选项"复选项组如图 8-41 所示。勾选"标记数据点"复选项，使数据点显示为正方形，否则直线段中间的数据点不显示；勾选"连接数据点"复选项，在每组数据点之间进行连线，否则只显示一个个孤立的点；勾选"线段边到边跨 X 轴"复选项，将线条分别从图表左边和右边伸出，它对分散图表无作用；勾选"绘制填充线"复选项，将激活其下方的"线宽"选项。

选择饼图时，"选项"选项组如图 8-42 所示。对于饼图，"图例"选项用于控制图例的显示，在其下拉列表中，"无图例"选项即不要图例；"标准图例"选项是将图例放在图表的外围；"楔形图例"选项是将图例插入到相应的扇形中。"位置"选项用于控制饼图以及扇形块的摆放位置，在其下拉列表中，"比例"选项用于按比例显示各个饼图的大小，"相等"选项用于使所有饼图的直径相等，"堆积"选项用于将所有的饼图叠加在一起。"排序"选项用于控制图表元素的排列顺序，在其下拉列表中："全部"选项用于将元素信息由大到小顺时针排列；"第一个"选项用于将最大值元素信息放在顺时针方向的第一个位置，其余按输入顺序排列；"无"选项用于按元素的输入顺序顺时针排列。

图 8-41

图 8-42

2. 设置数值轴

在"图表类型"对话框左上方选项的下拉列表中选择"数值轴"选项，可切换到相应的窗口，如图 8-43 所示。

"刻度值"选项组：当勾选"忽略计算出的值"复选项时，下面的 3 个数值框被激活。"最小值"选项的数值表示坐标轴的起始值，也就是图表原点的坐标值，它不能大于"最大值"选项的数值；"最大值"选项中的数值表示的是坐标轴的最大刻度值；"刻度"选项中的数值用来决定将坐标轴上下分为多少部分。

"刻度线"选项组："长度"选项的下拉列表中包括 3 项，选择"无"选项，表示不使用刻度标记；选择"短"选项，表示使用短的刻度标记；选择"全宽"选项，刻度线将贯穿整个图表，效果如图 8-44 所示。"绘制"选项数值框中的数值表示每一个坐标轴间隔的区分标记。

图 8-43

"添加标签"选项组："前缀"选项是指在数值前加符号，"后缀"选项是指在数值后加符号。在"后缀"选项的文本框中输入"分"后，图表效果如图 8-45 所示。

图 8-44 　　　　　　　　　　　　　　　图 8-45

8.3 自定义图表

除了对图表的创建和编辑这些基本的操作，用户通过使用 Illustrator CC 2019 还可以对图表中的局部进行编辑和修改，并可以自定义图表的图案，使图表中所表现的数据更加生动。

8.3.1 课堂案例——制作娱乐直播统计图表

案例学习目标

学习使用"条形图"工具、"设计"命令和"柱形图"命令制作娱乐直播统计图表。

案例知识要点

使用"条形图"工具建立条形图表；使用"设计"命令定义图案；使用"柱形图"命令制作图案图表；使用"钢笔"工具、"直接选择"工具和"编组选择"工具编辑女性图案；使用"文字"工具、"字符"控制面板添加标题及统计信息。娱乐直播统计图表效果如图 8-46 所示。

效果所在位置

资源包 > Ch08 > 效果 > 制作娱乐直播统计图表 .ai。

图 8-46

制作娱乐直播统计图表

STEP 1 按 Ctrl+N 组合键，弹出"新建文档"对话框，设置文档的宽度为 285mm，高度为 210mm，取向为横向，颜色模式为 CMYK，单击"创建"按钮，新建一个文档。

STEP 2 选择"矩形"工具 ▢，绘制一个与页面大小相等的矩形，设置填充色为米黄色（其 C、M、Y、K 的值分别为 4、4、10、0），填充图形，并设置描边色为无，效果如图 8-47 所示。

STEP 3 使用"矩形"工具 ▢，再绘制一个矩形，设置填充色为米黄色（其 C、M、Y、K 的值分别为 4、4、10、0），填充图形；并设置描边色为蓝色（其 C、M、Y、K 的值分别为 65、21、0、0），填充描边；并在属性栏中将"描边粗细"选项设置为 2 pt，按 Enter 键确定操作，效果如图 8-48 所示。

图 8-47   图 8-48

STEP 4 选择"添加锚点"工具 ，分别在矩形左右框中间的位置单击，添加两个锚点，如图 8-49 所示。选择"直接选择"工具 ，选取右边添加的锚点，并向右拖曳锚点到适当的位置，效果如图 8-50 所示。用相同的方法调整左边添加的锚点，效果如图 8-51 所示。

图 8-49

图 8-50   图 8-51

STEP 5 选择"选择"工具 ，选取图形，按 Ctrl+C 组合键，复制图形，按 Ctrl+B 组合键，将复制的图形粘贴在后面。按→和↓方向键，微调复制的图形到适当的位置，效果如图 8-52 所示。设置填充色为浅蓝色（其 C、M、Y、K 的值分别为 45、0、4、0），填充图形，效果如图 8-53 所示。

图 8-52   图 8-53

STEP 6 选择"椭圆"工具 ，按住 Shift 键的同时，在适当的位置绘制一个圆形，效果如图 8-54 所示。选择"吸管"工具 ，将吸管 图标放置在下方矩形上，如图 8-55 所示，单击吸取属性，如图 8-56 所示。

STEP 7 选择"选择"工具 ，按住 Alt+Shift 组合键的同时，水平向右拖曳圆形到适当的位置，复制圆形，效果如图 8-57 所示。

图 8-54   图 8-55   图 8-56   图 8-57

STEP 8 选择"文字"工具 ，在页面中输入需要的文字，选择"选择"工具 ，在属性栏中选择合适的字体并设置文字大小，效果如图 8-58 所示。设置填充色为蓝色（其 C、M、Y、K 的值分别为 65、21、0、0），填充文字，效果如图 8-59 所示。

图 8-58   图 8-59

STEP 🔟**9** 选择"条形图"工具 📊，在页面中单击，弹出"图表"对话框，选项的设置如图 8-60 所示；单击"确定"按钮，弹出"图表数据"对话框，输入需要的数据，如图 8-61 所示。输入完成后，单击"应用"按钮 ✓，关闭"图表数据"对话框，建立条形图表，并将其拖曳到页面中适当的位置，效果如图 8-62 所示。

图 8-60   图 8-61   图 8-62

STEP 🔟**10** 选择"对象 > 图表 > 类型"命令，弹出"图表类型"对话框，选项的设置如图 8-63 所示；单击"图表选项"选项右侧的按钮 ﹀，在弹出的下拉列表中选择"数值轴"，切换到相应的对话框进行设置，如图 8-64 所示；单击"数值轴"选项右侧的按钮 ﹀，在弹出的下拉列表中选择"类别轴"，切换到相应的窗口进行设置，如图 8-65 所示；设置完成后，单击"确定"按钮，效果如图 8-66 所示。

STEP 🔟**11** 按 Ctrl+O 组合键，打开资源包中的"Ch08 > 素材 > 制作娱乐直播统计图表 > 01"文件，选择"选择"工具 ▶，选取需要的图形，如图 8-67 所示。

图 8-63   图 8-64

图 8-65　　　　　　　　　图 8-66　　　　　　　　　图 8-67

STEP 12 选择"对象 > 图表 > 设计"命令，弹出"图表设计"对话框，单击"新建设计"按钮，显示所选图形的预览，如图 8-68 所示；单击"重命名"按钮，在弹出的"图表设计"对话框中输入名称，如图 8-69 所示；单击"确定"按钮，返回到"图表设计"对话框，如图 8-70 所示，单击"确定"按钮，完成图表图案的定义。

图 8-68　　　　　　　　　图 8-69　　　　　　　　　图 8-70

STEP 13 返回到正在编辑的页面，选取图表，选择"对象 > 图表 > 柱形图"命令，弹出"图表列"对话框，选择新定义的图案名称，其他选项的设置如图 8-71 所示；单击"确定"按钮，如图 8-72 所示。

图 8-71

图 8-72

STEP 14 选择"编组选择"工具 ，按住 Shift 键的同时，依次单击选取需要的图形，如图 8-73 所示。按 Delete 键将其删除，效果如图 8-74 所示。

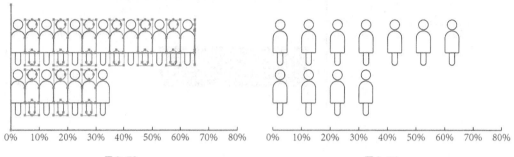

图 8-73   图 8-74

STEP 15 选择"编组选择"工具 ，按住 Shift 键的同时，依次单击选取需要的图形，如图 8-75 所示。设置填充色为蓝色（其 C、M、Y、K 的值分别为 65、21、0、0），填充图形，并设置描边色为无，效果如图 8-76 所示。

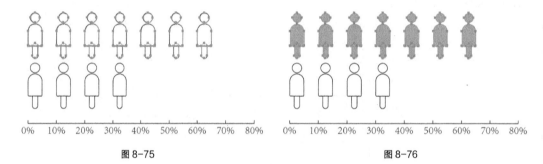

图 8-75   图 8-76

STEP 16 选择"编组选择"工具 ，用框选的方法同时选取刻度线，设置描边色为灰色（其 C、M、Y、K 的值分别为 0、0、0、60），填充描边，效果如图 8-77 所示。

STEP 17 选择"编组选择"工具 ，用框选的方法同时选取下方数值，在属性栏中选择合适的字体并设置文字大小；设置填充色为灰色（其 C、M、Y、K 的值分别为 0、0、0、60），填充文字，效果如图 8-78 所示。

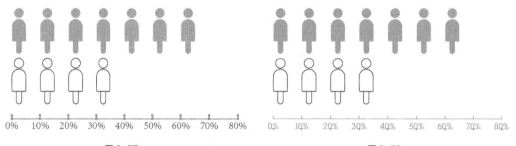

图 8-77   图 8-78

STEP 18 选择"直接选择"工具 ，选取需要的路径，如图 8-79 所示。选择"钢笔"工具 ，分别在路径上适当的位置单击鼠标左键，添加两个锚点，如图 8-80 所示。在不需要的锚点上分别单击鼠标左键，删除锚点，如图 8-81 所示。

图 8-79　　　　图 8-80　　　　图 8-81

STEP 19 选择"直接选择"工具 ，用框选的方法选取左下角的锚点，如图 8-82 所示，向左拖曳锚点到适当的位置，如图 8-83 所示。用相同的方法调整右下角的锚点，如图 8-84 所示。

STEP 20 选择"编组选择"工具 ，按住 Shift 键的同时，依次单击选取需要的图形，设置填充色为粉红色（其 C、M、Y、K 的值分别为 0、75、36、0），填充图形，并设置描边色为无，效果如图 8-85 所示。用相同的方法调整其他图形，并填充相应的颜色，效果如图 8-86 所示。

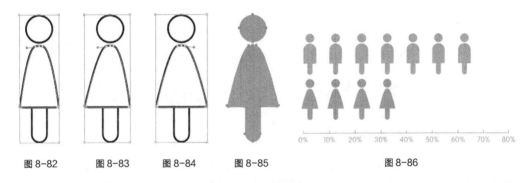

图 8-82　　　　图 8-83　　　　图 8-84　　　　图 8-85　　　　　　　图 8-86

STEP 21 选择"文字"工具 ，在适当的位置分别输入需要的文字，选择"选择"工具 ，在属性栏中选择合适的字体并设置文字大小；单击"居中对齐"按钮 ，将文字居中对齐，如图 8-87 所示。

STEP 22 选择"矩形"工具 ，在适当的位置绘制一个矩形，设置填充色为蓝色（其 C、M、Y、K 的值分别为 65、21、0、0），填充图形，并设置描边色为无，效果如图 8-88 所示。选择"直接选择"工具 ，选取左下角的锚点，并向右拖曳锚点到适当的位置，效果如图 8-89 所示。

图 8-87　　　　　　　　图 8-88　　　　　　　　图 8-89

STEP 23 用相同的方法调整右下角的锚点，效果如图 8-90 所示。选择"选择"工具 ，选取图形，按 Ctrl+C 组合键，复制图形，按 Ctrl+B 组合键，将复制的图形粘贴在后面。按→和↓方向键，微调复制的图形到适当的位置，效果如图 8-91 所示。设置填充色为浅蓝色（其 C、M、Y、K 的值分别为 45、0、4、0），填充图形，效果如图 8-92 所示。

图 8-90   图 8-91   图 8-92

STEP ⬇24 选择"文字"工具 T，在适当的位置输入需要的文字，选择"选择"工具 ▶，在属性栏中选择合适的字体并设置文字大小，效果如图 8-93 所示。设置填充色为米黄色（其 C、M、Y、K 的值分别为 4、4、10、0），填充文字，效果如图 8-94 所示。

图 8-93   图 8-94

STEP ⬇25 按 Ctrl+T 组合键，弹出"字符"控制面板，将"设置行距" 选项设置为 27 pt，其他选项的设置如图 8-95 所示；按 Enter 键确定操作，效果如图 8-96 所示。娱乐直播统计制作完成，效果如图 8-97 所示。

图 8-95   图 8-96   图 8-97

8.3.2 自定义图表图案

在页面中绘制图形，效果如图 8-98 所示。选中图形，选择"对象 > 图表 > 设计"命令，弹出"图表设计"对话框。单击"新建设计"按钮，在预览框中将显示所绘制的图形，对话框中的"删除设计"按钮、"重命名"按钮、"粘贴设计"按钮和"选择未使用的设计"按钮将被激活，如图 8-99 所示。

单击"重命名"按钮，弹出"重命名"对话框，在对话框中输入自定义图案的名称，如图 8-100 所示，单击"确定"按钮，完成命名。

图 8-98　　　　　　　　　　　图 8-99　　　　　　　　　　　图 8-100

　　在"图表设计"对话框中单击"粘贴设计"按钮，可以将图案粘贴到页面中，对其重新进行修改和编辑。编辑修改后的图案，还可以再将其重新定义。在对话框中编辑完成后，单击"确定"按钮，完成对一个图表图案的定义。

8.3.3　应用图表图案

　　用户可以将自定义的图案应用到图表中。选择要应用图案的图表，再选择"对象 > 图表 > 柱形图"命令，弹出"图表列"对话框。

　　在"图表列"对话框中，"列类型"选项包括 4 种缩放图案的类型："垂直缩放"选项表示根据数据的大小，对图表的自定义图案进行垂直方向上的放大与缩小，水平方向上保持不变；"一致缩放"选项表示图表将按照图案的比例并结合图表中数据的大小对图案进行放大和缩小；"重复堆叠"选项可以把图案以重复堆积的方式填满柱形；"局部缩放"选项与"垂直缩放"选项类似，但可以指定伸展或缩放的位置。"重复堆叠"选项要和"每个设计表示"选项、"对于分数"选项结合使用。"每个设计表示"选项表示每个图案代表几个单位，如果在数值框中输入 50，表示 1 个图案就代表 50 个单位。在"对于分数"选项的下拉列表中，"截断设计"选项表示不足一个图案由图案的一部分来表示；"缩放设计"选项表示不足一个图案时，对最后那个图案成比例地压缩来表示。设置完成后，如图 8-101 所示，单击"确定"按钮，将自定义的图案应用到图表中，如图 8-102 所示。

图 8-101　　　　　　　　　　　　　　　图 8-102

8.4 课堂练习——制作用户年龄分布图表

🔍 练习知识要点

使用"文字"工具、"字符"控制面板添加标题及介绍文字；使用"矩形"工具、"变换"面板和"直排文字"工具制作分布模块；使用"饼图"工具建立饼图图表。效果如图 8-103 所示。

🔍 效果所在位置

资源包 > Ch08 > 效果 > 制作用户年龄分布图表 .ai。

制作用户年龄分布图表

图 8-103

8.5 课后习题——制作旅行主题偏好图表

🔍 习题知识要点

使用"矩形"工具、"直线段"工具、"文字"工具和"倾斜"工具制作标题文字；使用"条形图"工具建立条形图表；使用"编组选择"工具、"填充"工具更改图表颜色。效果如图 8-104 所示。

🔍 效果所在位置

资源包 > Ch08 > 效果 > 制作旅行主题偏好图表 .ai。

制作旅行主题偏好图表

图 8-104

Chapter

9

第9章
图层和蒙版的使用

本章重点讲解Illustrator CC 2019中图层和蒙版的使用方法。掌握图层和蒙版的功能，读者可以在图形设计中提高效率，快速、准确地设计和制作出精美的平面设计作品。

课堂学习目标

- 掌握图层的基本操作方法
- 掌握蒙版的创建和编辑方法
- 掌握不透明度面板的使用方法

9.1 图层的使用

在平面设计中，特别是包含复杂图形的设计中，需要在页面上创建多个对象，由于每个对象的大小不一致，小的对象可能隐藏在大的对象下面。这样，选择和查看对象就很不方便。使用图层来管理对象，就可以很好地解决这个问题。图层就像一个文件夹，它可以包含多个对象，也可以对图层进行多种编辑。

打开图层的方法为：选择"窗口 > 图层"命令（快捷键为F7），弹出"图层"控制面板，如图9-1所示。

图9-1

9.1.1 了解图层的含义

选择"文件 > 打开"命令，弹出"打开"对话框，选择需要的文件，如图9-2所示；单击"打开"按钮，打开的图像效果如图9-3所示。

图9-2　　　　　　　　　　　　　图9-3

打开图像后，观察"图层"控制面板，可以发现在"图层"控制面板中显示出3个图层，如图9-4所示。如果只想看到"图层1" ◉ ▷ 📄 图层1 ○ 上的图像，依次单击其他图层的眼睛图标 ◉，其他图层上的眼睛图标 ◉ 被关闭，如图9-5所示，这样就只显示"图层1"，此时图像效果如图9-6所示。

图9-4　　　　　　　　图9-5　　　　　　图9-6

Illustrator的图层是透明的，在每一层中可以放置不同的图像，上面的图层会影响下面的图层，修改其中的某一图层不会改动其他图层，将这些图层叠在一起显示在图像视窗中，就形成了一幅完整的图像。

9.1.2　认识"图层"控制面板

下面来介绍"图层"控制面板。打开一幅图像,选择"窗口 > 图层"命令,弹出"图层"控制面板,如图 9-7 所示。

在"图层"控制面板的右上方有两个系统按钮 ≪ ✕ ,分别是"折叠为图标"按钮和"关闭"按钮。单击"折叠为图标"按钮,可以将"图层"控制面板折叠为图标;单击"关闭"按钮,可以关闭"图层"控制面板。

图层名称显示在当前图层中。默认状态下,在新建图层时,如果未指定名称,程序将以数字的递增为图层指定名称,如图层 1、图层 2 等,可以根据需要为图层重新命名。

图 9-7

单击图层名称前的三角形按钮 〉,可以展开或折叠图层。当按钮为 〉时,表示此图层中的内容处于未显示状态,单击此按钮就可以展开当前图层中所有的选项;当按钮为 ∨ 时,表示显示了图层中的选项,单击此按钮,可以将图层折叠起来,这样可以节省"图层"控制面板的空间。

眼睛 ◉ 图标用于显示或隐藏图层;图层右上方的黑色三角形图标 ◥ ,表示当前正被编辑的图层;锁定 🔒 图标表示当前图层和透明区域被锁定,不能被编辑。

在"图层"控制面板的最下面有 6 个按钮,如图 9-8 所示,它们从左至右依次是:收集以导出、定位对象、建立 / 释放剪切蒙版、创建新子图层、创建新图层和删除所选图层。

⊏' 🔎 🖻 ➝ ◻ 🗑

图 9-8

"收集以导出"按钮 ⊏' :单击此按钮,打开"资源导出"控制面板,可以导出当前图层的内容。

"定位对象"按钮 🔎 :单击此按钮,可以选中所选对象所在的图层。

"建立 / 释放剪切蒙版"按钮 🖻 :单击此按钮,将在当前图层上建立或释放一个蒙版。

"创建新子图层"按钮 ➝ :单击此按钮,可以为当前图层新建一个子图层。

"创建新图层"按钮 ◻ :单击此按钮,可以在当前图层上面新建一个图层。

"删除所选图层"按钮 🗑 :该按钮的图标为垃圾桶,可以将不想要的图层拖到此处删除。

单击"图层"控制面板右上方的图标 ≡ ,将弹出其下拉式菜单。

9.1.3　编辑图层

使用图层时,可以通过"图层"控制面板对图层进行编辑,如新建图层、选择图层、复制图层、删除图层、隐藏或显示图层、锁定图层、合并图层等,这些操作都可以通过选择"图层"控制面板下拉式菜单中的命令来完成。

1.　新建图层

新建图层的操作方法有以下 2 种。

(1)使用"图层"控制面板下拉式菜单。

单击"图层"控制面板右上方的图标 ≡ ,在弹出的菜单中选择"新建图层"命令,弹出"图层选项"对话框,如图 9-9 所示。"名称"选项用于设定当前图层的名称;"颜色"选项用于设定新图层的颜色,设置完成后,单击"确定"按钮,可以得到一个新建的图层。

(2)使用"图层"控制面板按钮或快捷键。

图 9-9

单击"图层"控制面板下方的"创建新图层"按钮 ◻ ,可以创建一个新图层。

按住 Alt 键,单击"图层"控制面板下方的"创建新图层"按钮 ◻ ,将弹出"图层选项"对话框。

按住 Ctrl 键,单击"图层"控制面板下方的"创建新图层"按钮 ◻ ,不管当前选择的是哪一个图层,都可以在图层列表的最上层新建一个图层。

如果要在当前选中的图层中新建一个子图层，可以单击"创建新子图层"按钮 ，或从"图层"控制面板下拉式菜单中选择"新建子图层"命令，或按住 Alt 键的同时，单击"创建新子图层"按钮 ，也可以弹出"图层选项"对话框，它的设定方法和新建图层是一样的。

2. 选择图层

单击图层名称，图层会显示为深灰色，并在名称后出现一个当前图层指示图标，即黑色三角形图标 ，表示此图层被选择为当前图层。

选择图层的操作方法有以下 2 种。

（1）按住 Shift 键，分别单击两个图层，即可选择两个图层之间多个连续的图层。

（2）按住 Ctrl 键，逐个单击想要选择的图层，可以选择多个不连续的图层。

3. 复制图层

复制图层时，会复制图层中所包含的所有对象，包括路径、编组，以至于整个图层。复制图层的操作方法有以下 2 种。

（1）使用"图层"控制面板下拉式菜单。

选择要复制的图层"图层 3"，如图 9-10 所示。单击"图层"控制面板右上方的图标 ，在弹出的菜单中选择"复制'图层 3'"命令，要复制出的图层在"图层"控制面板中显示为被复制图层的副本。复制图层后，"图层"控制面板的效果如图 9-11 所示。

图 9-10 图 9-11

（2）使用"图层"控制面板按钮。

将"图层"控制面板中需要复制的图层拖曳到下方的"创建新图层"按钮 上，就可以将所选的图层复制为一个新图层。

4. 删除图层

删除图层的操作方法有以下 2 种。

（1）使用"图层"控制面板的下拉式命令。

选择要删除的图层"图层 3_复制"，如图 9-12 所示。单击"图层"控制面板右上方的图标 ，在弹出的菜单中选择"删除'图层 3_复制'"命令，如图 9-13 所示，图层即可被删除；删除图层后的"图层"控制面板如图 9-14 所示。

图 9-12 图 9-13 图 9-14

（2）使用"图层"控制面板按钮。

选择要删除的图层，单击"图层"控制面板下方的"删除所选图层"按钮 🗑，可以将图层删除。将需要删除的图层拖曳到"删除所选图层"按钮 🗑 上，也可以删除图层。

5．隐藏或显示图层

隐藏一个图层时，此图层中的对象在绘图页面上不显示，在"图层"控制面板中可以设置隐藏或显示图层。在制作或设计复杂作品时，可以快速隐藏图层中的路径、编组和对象。隐藏或显示图层的操作方法有以下 3 种。

（1）使用"图层"控制面板的下拉式菜单。

选中一个图层，如图 9-15 所示。单击"图层"控制面板右上方的图标 ☰，在弹出的菜单中选择"隐藏其他图层"命令，"图层"控制面板中除当前选中的图层外，其他图层都被隐藏，效果如图 9-16 所示。

图 9-15   图 9-16

（2）使用"图层"控制面板中的眼睛 👁 图标。

在"图层"控制面板中，单击想要隐藏的图层左侧的眼睛 👁 图标，图层被隐藏。再次单击眼睛 👁 图标所在位置的方框，会重新显示此图层。

如果在一个图层的眼睛 👁 图标上单击，隐藏图层，并按住鼠标左键不放，向上或向下拖曳，鼠标指针所经过的图标都会被隐藏，这样可以快速隐藏多个图层。

（3）使用"图层选项"对话框。

在"图层"控制面板中双击图层或图层名称，可以弹出"图层选项"对话框，取消勾选"显示"复选框，单击"确定"按钮，图层被隐藏。

6．锁定图层

当锁定图层后，此图层中的对象不能再被选择或编辑，使用"图层"控制面板，能够快速锁定多个路径、编组和子图层。锁定图层的操作方法有以下 4 种。

（1）使用"图层"控制面板的下拉式菜单。

选中一个图层，如图 9-17 所示。单击"图层"控制面板右上方的图标 ☰，在弹出的菜单中选择"锁定其他图层"命令，"图层"控制面板中除当前选中的图层外，其他所有图层都被锁定，效果如图 9-18 所示。选择"解锁所有图层"命令，可以解除所有图层的锁定。

图 9-17   图 9-18

（2）使用对象命令。

选择"对象 > 锁定 > 其他图层"命令，可以锁定其他未被选中的图层。

（3）使用"图层"控制面板中的锁定图标。

在想要锁定的图层左侧的方框中单击，出现锁定 🔒 图标，图层被锁定。再次单击锁定 🔒 图标，图标消失，即解除对此图层的锁定状态。

如果在一个图层左侧的方框中单击，锁定图层，并按住鼠标左键不放，向上或向下拖曳，鼠标经过的方框中出现锁定 🔒 图标，就可以快速锁定多个图层。

（4）使用"图层选项"对话框。

在"图层"控制面板中双击图层或图层名称，可以弹出"图层选项"对话框，选择"锁定"复选项，单击"确定"按钮，图层被锁定。

7. 合并图层

在"图层"控制面板中选择需要合并的图层，如图9-19所示，单击"图层"控制面板右上方的图标 ≡，在弹出的菜单中选择"合并所选图层"命令，所有选择的图层将被合并到最后一个选择的图层或编组中，效果如图9-20所示。

图9-19　　　　　　　　　　　　图9-20

选择弹出式菜单中的"拼合图稿"命令，所有可见的图层将被合并为一个图层，合并图层时，不会改变对象在绘图页面上的排序。

9.1.4　使用图层

使用"图层"控制面板可以选择绘图页面中的对象，还可以切换对象的显示模式，更改对象的外观属性。

1. 选择对象

选择对象的操作方法有以下两种。

（1）使用"图层"控制面板中的目标图标。

在同一图层中的几个图形对象处于未选取状态，如图9-21所示。单击"图层"控制面板中要选择对象所在图层右侧的目标 ○ 图标，目标图标变为 ◎，如图9-22所示。此时，图层中的对象被全部选中，效果如图9-23所示。

图9-21　　　　　　　　图9-22　　　　　　　　图9-23

（2）结合快捷键并使用"图层"控制面板。

按住 Alt 键的同时，单击"图层"控制面板中的图层名称，此图层中的对象将被全部选中。

（3）使用"选择"菜单下的命令。

使用"选择"工具 ▶ 选中同一图层中的一个对象，如图 9-24 所示。选择"选择 > 对象 > 同一图层上的所有对象"命令，此图层中的对象被全部选中，如图 9-25 所示。

图 9-24   图 9-25

2. 更改对象的外观属性

使用"图层"控制面板可以轻松地改变对象的外观。如果对一个图层应用一种特殊效果，则在该图层中的所有对象都将应用这种效果。如果将图层中的对象移动到此图层之外，对象将不再具有这种效果。因为效果仅仅作用于该图层，而不是对象。

选中一个想要改变对象外观属性的图层，如图 9-26 所示，选取图层中的全部对象，效果如图 9-27 所示。选择"效果 > 变形 > 上弧形"命令，在弹出的"变形选项"对话框中进行设置，如图 9-28 所示；单击"确定"按钮，选中的图层中包括的对象全部变成弧形效果，如图 9-29 所示，即改变了此图层中对象的外观属性。

图 9-26   图 9-27   图 9-28   图 9-29

在"图层"控制面板中，图层的目标 ○ 图标是变化的。当目标图标显示为 ○ 时，表示当前图层在绘图页面上没有对象被选择，并且没有外观属性；当目标图标显示为 ◎ 时，表示当前图层在绘图页面上有对象被选择，且没有外观属性；当目标图标显示为 ◉ 时，表示当前图层在绘图页面上没有对象被选择，但有外观属性；当目标图标显示为 ◎ 时，表示当前图层在绘图页面上有对象被选择，也有外观属性。

选择具有外观属性的对象所在的图层，拖曳此图层的目标图标到需要应用的图层的目标图标上，就可以移动对象的外观属性了。在拖曳的同时按住 Alt 键，可以复制图层中对象的外观属性。

选择具有外观属性的对象所在的图层，拖曳此图层的目标图标到"图层"控制面板底部的"删除所选图层"按钮 🗑 上，这时可以取消此图层中对象的外观属性。如果此图层中包括路径，将会保留路径的填充和描边填充。

9.2 图像蒙版

将一个对象制作为蒙版后，对象的内部变得完全透明，这样就可以显示下面的被蒙版对象，同时也可以遮挡住不需要显示或打印的部分。

9.2.1 课堂案例——制作脐橙线下海报

案例学习目标

学习使用"图形"工具、"文字"工具和"剪切蒙版"命令制作脐橙线下海报。

案例知识要点

使用"矩形"工具、"渐变"工具、"钢笔"工具、"置入"命令和"剪切蒙版"命令制作海报背景；使用"文字"工具、"创建轮廓"命令、"偏移路径"命令和"剪切蒙版"命令添加并编辑标题文字；使用"文字"工具、"字符控制"面板添加宣传性文字。脐橙线下海报效果如图9-30所示。

效果所在位置

资源包 > Ch09 > 效果 > 制作脐橙线下海报 .ai。

制作脐橙线下海报

图9-30

1. 制作海报背景

STEP ⬇1 按 Ctrl+N 组合键，弹出"新建文档"对话框，设置文档的宽度为 500mm，高度为 700mm，取向为竖向，颜色模式为 CMYK，单击"创建"按钮，新建一个文档。

STEP ⬇2 选择"矩形"工具 ▢，绘制一个与页面大小相等的矩形，如图 9-31 所示。双击"渐变"工具 ▤，弹出"渐变"控制面板，选中"径向渐变"按钮 ▣，在色带上设置两个渐变滑块，分别将渐变滑块的位置设置为 0、100，并设置 C、M、Y、K 的值分别为 0（5、15、48、0）、100（12、54、96、0），其他选项的设置如图 9-32 所示；图形被填充为渐变色，并设置描边色为无，效果如图 9-33 所示。

STEP ⬇3 选择"钢笔"工具 ✐，在适当的位置分别绘制不规则图形，如图 9-34 所示。选择"选择"工具 ▶，按住 Shift 键，同时选取绘制的图形，设置描边色为深绿色（其 C、M、Y、K 的值分别为 81、52、100、19），填充描边，效果如图 9-35 所示。

图 9-31   图 9-32   图 9-33

图 9-34   图 9-35

STEP ⬇️4 设置填充色为橘黄色（其 C、M、Y、K 的值分别为 3、33、90、0），填充图形，效果如图 9-36 所示。用相同的方法绘制其他图形，并填充相同的颜色，效果如图 9-37 所示。

图 9-36   图 9-37

STEP ⬇️5 选择"文件 > 置入"命令，弹出"置入"对话框，选择资源包中的"Ch09 > 素材 > 制作脐橙线下海报 > 01、02"文件，单击"置入"按钮，在页面中分别单击置入图片，单击属性栏中的"嵌入"按钮，嵌入图片。选择"选择"工具 ▶，分别拖曳图片到适当的位置，并调整其大小，效果如图 9-38 所示。

STEP ⬇️6 选择"选择"工具 ▶，按住 Shift 键，依次单击同时选取图形和图片，按 Ctrl+G 组合键，将其编组，如图 9-39 所示。选取下方的背景矩形，按 Ctrl+C 组合键，复制图形，按 Shift+Ctrl+V 组合键，就地粘贴图形，如图 9-40 所示。按住 Shift 键，单击下方编组图形将其同时选取，如图 9-41 所示。按 Ctrl+7 组合键，建立剪切蒙版，效果如图 9-42 所示。

图 9-38   图 9-39   图 9-40   图 9-41   图 9-42

2. 添加并编辑标题文字

STEP 1 选择"文字"工具 T，在页面中输入需要的文字，选择"选择"工具 ▶，在属性栏中选择合适的字体并设置文字大小，效果如图9-43所示。

STEP 2 按Ctrl+T组合键，弹出"字符"控制面板，将"设置所选字符的字距调整" VA 选项设置为–60，其他选项的设置如图9-44所示；按Enter键确定操作，效果如图9-45所示。

图9-43　　　　　　　　　图9-44　　　　　　　　　图9-45

STEP 3 按Shift+Ctrl+O组合键，将文字转化为轮廓，效果如图9-46所示。按Shift+Ctrl+G组合键，取消文字编组。选择"对象 > 路径 > 偏移路径"命令，在弹出的对话框中进行设置，如图9-47所示；单击"确定"按钮，效果如图9-48所示。填充文字为白色，效果如图9-49所示。

图9-46　　　　　　　　　　　　　　图9-47

图9-48　　　　　　　　　　　　　　图9-49

STEP 4 选择"文件 > 置入"命令，弹出"置入"对话框，选择资源包中的"Ch09 > 素材 > 制作脐橙线下海报 > 03"文件，单击"置入"按钮，在页面中单击置入图片，单击属性栏中的"嵌入"按钮，嵌入图片。选择"选择"工具 ▶，拖曳图片到适当的位置，效果如图9-50所示。连续按Ctrl+[组合键，将图片向后移动到适当的位置，效果如图9-51所示。

STEP 5 选择"选择"工具 ▶，按住Shift键，单击文字"赣"将其同时选取，如图9-52所示。按Ctrl+7组合键，建立剪切蒙版，效果如图9-53所示。

| 图 9-50 | 图 9-51 |

| 图 9-52 | 图 9-53 |

STEP 06 用相同的方法为其他文字添加剪切蒙版，效果如图 9-54 所示。选择"矩形"工具 ，在适当的位置绘制一个矩形，填充图形为白色，并设置描边色为无，效果如图 9-55 所示。

| 图 9-54 | 图 9-55 |

STEP 07 选择"窗口 > 变换"命令，弹出"变换"控制面板，在"矩形属性："选项卡中，将"圆角半径"选项设置为 0mm 和 3mm，如图 9-56 所示；按 Enter 键确定操作，效果如图 9-57 所示。

STEP 08 选择"文字"工具 T ，在适当的位置分别输入需要的文字，选择"选择"工具 ，在属性栏中分别选择合适的字体并设置文字大小，效果如图 9-58 所示。选取上方需要的文字，填充文字为白色，效果如图 9-59 所示。

| 图 9-56 | 图 9-57 | 图 9-58 | 图 9-59 |

STEP 09 在"字符"控制面板中，将"设置所选字符的字距调整" 选项设置为 160，其他选项的设置如图 9-60 所示；按 Enter 键确定操作，效果如图 9-61 所示。

图 9-60   图 9-61

STEP 10 选取下方需要的文字，在"字符"控制面板中，将"设置所选字符的字距调整"选项设置为 270，其他选项的设置如图 9-62 所示；按 Enter 键确定操作，效果如图 9-63 所示。

图 9-62   图 9-63

STEP 11 保持文字选取状态。设置文字填充色为绿色（其 C、M、Y、K 的值分别为 82、53、100、20），填充文字，效果如图 9-64 所示。选择"直线段"工具，按住 Shift 键的同时，在适当的位置绘制一条直线，填充描边为白色，并在属性栏中将"描边粗细"选项设置为 3 pt，按 Enter 键确定操作，效果如图 9-65 所示。

图 9-64   图 9-65

STEP 12 选择"文件 > 置入"命令，弹出"置入"对话框，选择资源包中的"Ch09 > 素材 > 制作脐橙线下海报 > 02"文件，单击"置入"按钮，在页面中单击置入图片，单击属性栏中的"嵌入"按钮，嵌入图片。选择"选择"工具，拖曳图片到适当的位置，并调整其大小，效果如图 9-66 所示。

STEP 13 选择"选择"工具，按住 Alt+Shift 组合键的同时，水平向右拖曳图片到适当的位置，复制图片，效果如图 9-67 所示。

图 9-66   图 9-67

STEP 14 选择"文字"工具，在适当的位置输入需要的文字，选择"选择"工具，在属性栏中选择合适的字体并设置文字大小，效果如图 9-68 所示。设置文字填充色为绿色（其 C、M、Y、K 的值分别为 82、53、100、20），填充文字，效果如图 9-69 所示。

图 9-68   图 9-69

STEP 15 在"字符"控制面板中,将"设置所选字符的字距调整" ⅤΑ 选项设置为 540,其他选项的设置如图 9-70 所示;按 Enter 键确定操作,效果如图 9-71 所示。

图 9-70   图 9-71

STEP 16 选择"文字"工具 T,在适当的位置分别输入需要的文字,选择"选择"工具 ▶,在属性栏中分别选择合适的字体并设置文字大小,效果如图 9-72 所示。选取文字"7",如图 9-73 所示,按 Shift+Ctrl+O 组合键,将文字转化为轮廓,效果如图 9-74 所示。

图 9-72   图 9-73   图 9-74

STEP 17 选择"对象 > 路径 > 偏移路径"命令,在弹出的"偏移路径"对话框中进行设置,如图 9-75 所示;单击"确定"按钮,效果如图 9-76 所示。填充文字轮廓为白色,效果如图 9-77 所示。

图 9-75   图 9-76   图 9-77

STEP 18 选择"文件 > 置入"命令，弹出"置入"对话框，选择资源包中的"Ch09 > 素材 > 制作脐橙线下海报 > 03"文件，单击"置入"按钮，在页面中单击置入图片，单击属性栏中的"嵌入"按钮，嵌入图片。选择"选择"工具 ，拖曳图片到适当的位置，效果如图 9-78 所示。连续按 Ctrl+ [组合键，将图片向后移动到适当的位置，效果如图 9-79 所示。

STEP 19 选择"选择"工具 ，按住 Shift 键，单击数字"7"将其同时选取，如图 9-80 所示。按 Ctrl+7 组合键，建立剪切蒙版，效果如图 9-81 所示。

图 9-78　　　　　　　图 9-79　　　　　　　图 9-80　　　　　　　图 9-81

STEP 20 选取文字"元 / 斤"，设置文字填充色为绿色（其 C、M、Y、K 的值分别为 82、53、100、20），填充文字，效果如图 9-82 所示。

STEP 21 选择"文字"工具 ，在适当的位置输入需要的文字，选择"选择"工具 ，在属性栏中选择合适的字体并设置文字大小，填充文字为白色，效果如图 9-83 所示。

图 9-82　　　　　　　图 9-83

STEP 22 在"字符"控制面板中，将"设置所选字符的字距调整" 选项设置为 150，其他选项的设置如图 9-84 所示；按 Enter 键确定操作，效果如图 9-85 所示。选择"文字"工具 ，在文字"加"后面单击插入光标，如图 9-86 所示。

图 9-84　　　　　　　图 9-85　　　　　　　图 9-86

STEP <23> 选择"文字 > 字形"命令，在弹出的"字形"面板中按需要进行设置并选择需要的字形，如图 9-87 所示；双击插入字形，效果如图 9-88 所示。脐橙线下海报制作完成，效果如图 9-89 所示。

图 9-87

图 9-88

图 9-89

9.2.2 制作图像蒙版

制作图像蒙版的操作方法有以下 3 种。

（1）使用"创建"命令制作。

新建文档，选择"文件 > 置入"命令，在弹出的"置入"对话框中选择图像文件，如图 9-90 所示，单击"置入"按钮，图像出现在页面中，效果如图 9-91 所示。选择"椭圆"工具 ○ ，在图像上绘制一个椭圆形作为蒙版，如图 9-92 所示。

图 9-90

图 9-91

图 9-92

使用"选择"工具 ▶ ，同时选中图像和椭圆形，如图 9-93 所示（作为蒙版的图形必须在图像的上面）。选择"对象 > 剪切蒙版 > 建立"命令（组合键为 Ctrl+7），制作出蒙版效果，如图 9-94 所示。图像在椭圆形蒙版外面的部分被隐藏，取消选取状态，蒙版效果如图 9-95 所示。

图 9-93

图 9-94

图 9-95

（2）使用鼠标右键的弹出式命令制作蒙版。

使用"选择"工具 ▶ 选中图像和椭圆形，在选中的对象上单击鼠标右键，在弹出的菜单中选择"建立剪切蒙版"命令，制作出蒙版效果。

（3）用"图层"控制面板中的命令制作蒙版。

使用"选择"工具 ▶ 选中图像和椭圆形，单击"图层"控制面板右上方的图标 ≡，在弹出的菜单中选择"建立剪切蒙版"命令，制作出蒙版效果。

9.2.3　编辑图像蒙版

制作蒙版后，还可以对蒙版进行编辑，如查看蒙版、锁定蒙版、添加对象到蒙版和删除被蒙版的对象等操作。

1. 查看蒙版

使用"选择"工具 ▶ 选中蒙版图像，如图 9-96 所示。单击"图层"控制面板右上方的图标 ≡，在弹出的菜单中选择"定位对象"命令，"图层"控制面板如图 9-97 所示，可以在"图层"控制面板中查看蒙版状态，也可以编辑蒙版。

2. 锁定蒙版

使用"选择"工具 ▶ 选中需要锁定的蒙版图像，如图 9-98 所示。选择"对象 > 锁定 > 所选对象"命令，可以锁定蒙版图像，效果如图 9-99 所示。

图 9-96

图 9-97

图 9-98

图 9-99

3. 添加对象到蒙版

选中要添加的对象，如图 9-100 所示。选择"编辑 > 剪切"命令，剪切该对象。使用"直接选择"工具 ▷ 选中被蒙版图形中的对象，如图 9-101 所示。选择"编辑 > 贴在前面、贴在后面"命令，就可以将要添加的对象粘贴到相应的蒙版图形的前面或后面，并成为图形的一部分，贴在前面的效果如图 9-102 所示。

图 9-100

图 9-101

图 9-102

4. 删除被蒙版的对象

选中被蒙版的对象，选择"编辑 > 清除"命令或按 Delete 键，即可删除被蒙版的对象。

在"图层"控制面板中选中被蒙版的对象所在图层，再单击"图层"控制面板下方的"删除所选图层"按钮 🗑 ，也可删除被蒙版的对象。

9.3 文本蒙版

在 Illustrator CC 2019 中，可以将文本制作为蒙版。根据设计需要来制作文本蒙版，可以使文本产生丰富的效果。

9.3.1 制作文本蒙版

制作文本蒙版的操作方法有以下 3 种。

（1）使用"对象"命令制作文本蒙版。

使用"矩形"工具，绘制一个矩形，在"色板"控制面板中选择需要的图案样式，如图 9-103 所示，矩形被填充为样式，效果如图 9-104 所示。

图 9-103　　　　　　　　　　　图 9-104

选择"文字"工具 T，在矩形上输入文字，使用"选择"工具 ，选中文字和矩形，如图 9-105 所示。选择"对象 > 剪切蒙版 > 建立"命令（组合键为 Ctrl+7），制作出蒙版效果，如图 9-106 所示。

图 9-105　　　　　　　　　　　图 9-106

（2）使用鼠标右键弹出菜单命令制作文本蒙版。

使用"选择"工具 ，选中图像和文字，在选中的对象上单击鼠标右键，在弹出的菜单中选择"建立剪切蒙版"命令，制作出蒙版效果。

（3）使用"图层"控制面板中的命令制作蒙版。

使用"选择"工具 ，选中图像和文字。单击"图层"控制面板右上方的图标 ，在弹出的菜单中选择"建立剪切蒙版"命令，制作出蒙版效果。

9.3.2 编辑文本蒙版

使用"选择"工具 ，选取被蒙版的文本，如图 9-107 所示。选择"文字 > 创建轮廓"命令，将文本转换为路径，路径上出现了许多锚点，效果如图 9-108 所示。

使用"直接选择"工具 ，选取路径上的锚点，就可以编辑修改被蒙版的文本，如图 9-109 所示。

图 9-107　　　　　　　　图 9-108　　　　　　　　图 9-109

9.4 "透明度"控制面板

在"透明度"控制面板中可以为对象添加透明度,还可以设置透明度的混合模式。

9.4.1 课堂案例——制作旅游海报

案例学习目标

学习使用透明度控制面板制作旅游海报。

案例知识要点

使用"矩形"工具、"钢笔"工具和"旋转"工具制作海报背景;使用"透明度"控制面板调整图片混合模式和不透明度。旅游海报效果如图 9-110 所示。

效果所在位置

资源包 > Ch09 > 效果 > 制作旅游海报 .ai。

制作旅游海报

图 9-110

STEP 1 按 Ctrl+N 组合键,弹出"新建文档"对话框,设置文档的宽度为 600 px,高度为 800 px,取向为竖向,颜色模式为 RGB,单击"创建"按钮,新建一个文档。

STEP 2 选择"矩形"工具 □,绘制一个与页面大小相等的矩形,如图 9-111 所示。设置填充色为浅黄色(其 R、G、B 的值分别为 255、211、133),填充图形,并设置描边色为无,效果如图 9-112 所示。

图 9-111　　　　　　　　　　图 9-112

STEP 03 选择"矩形"工具 ▢，在页面中绘制一个矩形，如图 9-113 所示。选择"钢笔"工具 ✐，在矩形中间的位置单击，添加一个锚点，如图 9-114 所示。分别在左右两侧不需要的锚点上单击，删除锚点，效果如图 9-115 所示。

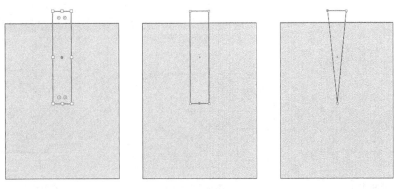

图 9-113　　　　　　　　图 9-114　　　　　　　　图 9-115

STEP 04 选择"选择"工具 ▶，选取图形，选择"旋转"工具 ↻，按住 Alt 键的同时，在三角形底部锚点上单击，如图 9-116 所示；弹出"旋转"对话框，选项的设置如图 9-117 所示；单击"复制"按钮，旋转并复制图形，效果如图 9-118 所示。

图 9-116　　　　　　　　图 9-117　　　　　　　　图 9-118

STEP 05 连续按 Ctrl+D 组合键，复制出多个三角形，效果如图 9-119 所示。选择"选择"工具 ▶，按住 Shift 键，依次单击复制的三角形将其同时选取，按 Ctrl+G 组合键，将其编组，效果如图 9-120 所示。

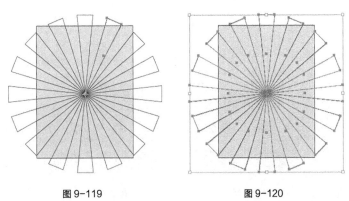

图 9-119　　　　　　　　图 9-120

STEP 6 填充图形为白色，并设置描边色为无，效果如图 9-121 所示。选择"窗口 > 透明度"命令，弹出"透明度"控制面板，将混合模式设置为"柔光"，其他选项的设置如图 9-122 所示，按 Enter 键确定操作，效果如图 9-123 所示。

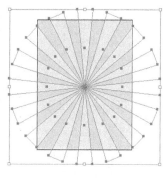

图 9-121   图 9-122   图 9-123

STEP 7 选择"选择"工具 ▶，选取下方浅黄色矩形，按 Ctrl+C 组合键，复制矩形，按 Shift+Ctrl+V 组合键，就地粘贴矩形，如图 9-124 所示。按住 Shift 键，单击下方白色编组图形将其同时选取，如图 9-125 所示；按 Ctrl+7 组合键；建立剪切蒙版，效果如图 9-126 所示。

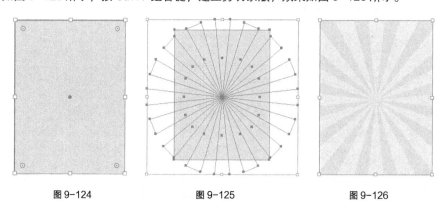

图 9-124   图 9-125   图 9-126

STEP 8 按 Ctrl+O 组合键，打开资源包中的"Ch09 > 素材 > 制作旅游海报 > 01"文件，选择"选择"工具 ▶，选取需要的图形，按 Ctrl+C 组合键，复制图形。选择正在编辑的页面，按 Ctrl+V 组合键，将其粘贴到页面中，并拖曳复制的图形到适当的位置，效果如图 9-127 所示。旅游海报制作完成，效果如图 9-128 所示。

图 9-127   图 9-128

9.4.2　认识"透明度"控制面板

透明度是 Illustrator 中对象的一个重要外观属性。Illustrator CC 2019 中透明度设置绘图页面上的对象可以是完全透明、半透明或不透明 3 种状态。在"透明度"控制面板中，可以给对象添加不透明度，还可以改变混合模式，从而制作出新的效果。

选择"窗口 > 透明度"命令（组合键为 Shift+Ctrl+F10），弹出"透明度"控制面板，如图 9-129所示。单击控制面板右上方的图标 ，在弹出的菜单中选择"显示缩览图"命令，可以将"透明度"控制面板中的缩览图显示出来，如图 9-130 所示。在弹出的菜单中选择"显示选项"命令，可以将"透明度"控制面板中的选项显示出来，如图 9-131 所示。

图 9-129　　　　　　　图 9-130　　　　　　　图 9-131

1. "透明度"控制面板的表面属性

在图 9-131 所示的"透明度"控制面板中，当前选中对象的缩略图显示出来。当"不透明度"选项被设置为不同的数值时，效果如图 9-132 所示（默认状态下，对象是完全不透明的）。

不透明度值为 0 时　　　不透明度值为 50 时　　　不透明度值为 100 时

图 9-132

选择"隔离混合"选项：可以使不透明度设置只影响当前组合或图层中的其他对象。

选择"挖空组"选项：可以使不透明度设置不影响当前组合或图层中的其他对象，但背景对象仍然受影响。

选择"不透明度和蒙版用来定义挖空形状"选项：可以使用不透明度蒙版来定义对象的不透明度所产生的效果。

选中"图层"控制面板中要改变不透明度的图层，单击图层右侧的图标 ，将其定义为目标图层，在"透明度"控制面板的"不透明度"选项中调整不透明度的数值，此时的调整会影响到整个图层不透明度的设置，包括此图层中已有的对象和将来绘制的任何对象。

2. "透明度"控制面板的下拉式命令

单击"透明度"控制面板右上方的图标 ，弹出其下拉菜单，如图 9-133 所示。

图 9-133

"建立不透明蒙版"命令可以将蒙版的不透明度设置应用到它所覆盖的所有对象中。

在绘图页面中选中两个对象，如图 9-134 所示，选择"建立不透明蒙版"命令，"透明度"控制面板显示的效果如图 9-135 所示，制作不透明蒙版的效果如图 9-136 所示。

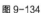

| 图 9-134 | 图 9-135 | 图 9-136 |

选择"释放不透明蒙版"命令，制作的不透明蒙版将被释放，对象恢复原来的效果。选中制作的不透明蒙版，选择"停用不透明蒙版"命令，不透明蒙版被禁用，"透明度"控制面板的变化如图 9-137 所示。

选中制作的不透明蒙版，选择"取消链接不透明蒙版"命令，蒙版对象和被蒙版对象之间的链接关系被取消。在"透明度"控制面板中，蒙版对象和被蒙版对象缩略图之间的"指示不透明蒙版链接到图稿"按钮 🔗，转换为"单击可将不透明蒙版链接到图稿"按钮 🔗，如图 9-138 所示。

| 图 9-137 | 图 9-138 |

选中制作的不透明蒙版，勾选"透明度"控制面板中的"剪切"复选项，如图 9-139 所示，不透明蒙版的变化效果如图 9-140 所示。勾选"透明度"控制面板中的"反相蒙版"复选项，如图 9-141 所示，不透明蒙版的变化效果如图 9-142 所示。

| 图 9-139 | 图 9-140 | 图 9-141 | 图 9-142 |

9.4.3 "透明度"控制面板中的混合模式

"透明度"控制面板提供了 16 种混合模式，如图 9-143 所示。打开一张图像，如图 9-144 所示。在图像上选择需要的图形，如图 9-145 所示。分别选择不同的混合模式，可以观察图像的不同变化，效果如图 9-146 所示。

图 9-143　　　　　　　　　　图 9-144　　　　　　　　　　图 9-145

正常　　　　　　　变暗　　　　　　　正片叠底　　　　　　颜色加深

变亮　　　　　　　滤色　　　　　　　颜色减淡　　　　　　叠加

柔光　　　　　　　强光　　　　　　　差值　　　　　　　　排除

色相　　　　　　　饱和度　　　　　　混色　　　　　　　　明度

图 9-146

9.5 课堂练习——制作旅游出行微信运营海报

⊕ 练习知识要点

　　使用"置入"命令、"文字"工具、"建立剪切蒙版"命令添加并编辑标题文字；使用"文字"工具、"字符"控制面板添加宣传性文字。效果如图9-147所示。

⊕ 效果所在位置

　　资源包 > Ch09 > 效果 > 制作旅游出行微信运营海报 .ai。

图 9-147

制作旅游出行微信运营海报

9.6 课后习题——制作礼券

⊕ 习题知识要点

　　使用"置入"命令置入底图；使用"椭圆"工具、"缩放命令"、"渐变"工具和"圆角矩形"工具制作装饰图形；使用"矩形"工具、"剪切蒙版"命令制作图片的剪切蒙版效果；使用"文字"工具、"字符"控制面板和"段落"控制面板添加内页文字。礼券效果如图9-148所示。

⊕ 效果所在位置

　　资源包 > Ch09 > 效果 > 制作礼券 .ai。

图 9-148

制作礼券

Chapter

10

第10章
使用混合与封套效果

本章重点讲解混合与封套效果的使用方法。混合命令可以使颜色和形状混合，生成中间对象的逐级变形。封套命令是Illustrator CC 2019中很实用的一个命令。当对一个对象使用封套后，读者即可约束应用了封套的对象，并对其进行编辑。

课堂学习目标

- 熟练掌握混合效果的使用方法
- 掌握封套效果的使用方法

10.1 混合效果的使用

使用"混合"命令可以创建一系列处于两个自由形状之间的路径，也就是一系列样式递变的过渡图形。该命令可以在两个或两个以上的图形对象之间使用。

10.1.1 课堂案例——制作设计作品展海报

🔍 **案例学习目标**

学习使用"混合"工具、"扩展"命令制作文字的立体化效果。

🔍 **案例知识要点**

使用"文字"工具添加文字；使用"混合"工具和扩展命令制作立体文字。设计作品展海报效果如图 10-1 所示。

🔍 **效果所在位置**

资源包 > Ch10 > 效果 > 制作设计作品展海报 .ai。

图 10-1

制作设计作品展海报

STEP 1 按 Ctrl+N 组合键，弹出"新建文档"对话框，设置文档的宽度为 1080 px，高度为 1440 px，取向为竖向，颜色模式为 RGB，单击"创建"按钮，新建一个文档。

STEP 2 选择"矩形"工具 ▢，绘制一个与页面大小相等的矩形，如图 10-2 所示。设置填充色为粉色（其 R、G、B 的值分别为 244、201、198），填充图形，并设置描边色为无，效果如图 10-3 所示。按 Ctrl+2 组合键，锁定所选对象。

STEP 3 选择"文字"工具 T，在页面中输入需要的文字，选择"选择"工具 ▶，在属性栏中选择合适的字体并设置文字大小，效果如图 10-4 所示。

图 10-2

图 10-3

图 10-4

STEP 4 保持文字选取状态。设置填充色为肉色（其 R、G、B 的值分别为 236、193、188），填充文字；并设置描边色为红色（其 R、G、B 的值分别为 230、0、18），填充文字描边，效果如图 10-5 所示。

STEP 5 在属性栏中将"描边粗细"选项设置为 5pt；按 Enter 键确定操作，效果如图 10-6 所示。按 Shift+Ctrl+O 组合键，将文字转换为轮廓，效果如图 10-7 所示。

STEP 6 选择"选择"工具 ▶，按住 Alt 键的同时，向左下角拖曳文字到适当的位置，复制文字，效果如图 10-8 所示。按 Shift 键的同时，拖曳右上角的控制手柄，等比例缩小文字，如图 10-9 所示。

图 10-5　　　　图 10-6　　　　图 10-7　　　　图 10-8　　　　图 10-9

STEP 7 用相同的方法复制其他文字并调整其大小，效果如图 10-10 所示。选择"混合"工具 ⬥，在第一个文字"D"上单击，如图 10-11 所示，设置其为起始图形。单击第二个文字"D"，生成混合图形，如图 10-12 所示。

图 10-10　　　　　　　　图 10-11　　　　　　　　图 10-12

STEP 8 继续在第三个文字"D"上单击，生成混合图形，如图 10-13 所示。在第四个文字"D"上单击鼠标，生成混合图形，如图 10-14 所示。

图 10-13　　　　　　　图 10-14

STEP 9 双击"混合"工具 ⬥，弹出"混合选项"对话框，选项的设置如图 10-15 所示；单击"确定"按钮，效果如图 10-16 所示。

STEP 10 选择"选择"工具 ▶，选取混合图形，选择"对象 > 混合 > 扩展"命令，打散混合图形，如图 10-17 所示。按 Shift+Ctrl+G 组合键，取消图形编组。

图 10-15   图 10-16   图 10-17

STEP 11 选取第一个文字"D"，如图 10-18 所示；按 Shift+X 组合键，互换填色和描边，如图 10-19 所示；设置描边色为无，效果如图 10-20 所示。

图 10-18   图 10-19   图 10-20

STEP 12 选取最后一个文字"D"，如图 10-21 所示，按 Ctrl+C 组合键，复制文字，按 Ctrl+B 组合键，将复制的文字粘贴在后面。向右下角拖曳文字到适当的位置，并调整其大小，效果如图 10-22 所示。按住 Shift 键，单击原文字将其同时选取，如图 10-23 所示。

图 10-21   图 10-22   图 10-23

STEP 13 双击"混合"工具 ，在弹出的"混合选项"对话框中进行设置，如图 10-24 所示，单击"确定"按钮；按 Alt+Ctrl+B 组合键，生成混合，效果如图 10-25 所示。

图 10-24   图 10-25

STEP 14 用相同的方法制作其他文字的混合效果，如图 10-26 所示。按 Ctrl+O 组合键，打开资源包中的"Ch10 > 素材 > 制作设计作品展海报 > 01"文件，选择"选择"工具 ，选取需要的图形，按 Ctrl+C 组合键，复制图形。选择正在编辑的页面，按 Ctrl+V 组合键，将其粘贴到页面中，并

拖曳复制的图形到适当的位置，效果如图 10-27 所示。设计作品展海报制作完成，效果如图 10-28
所示。

图 10-26   图 10-27   图 10-28

10.1.2　创建与释放混合对象

选择混合命令可以对整个图形、部分路径或控制点进行混合。混合对象后，中间各级路径上的点的
数量、位置及点之间线段的性质取决于起始对象和终点对象上点的数目，同时还取决于在每个路径上指
定的特定点。

1．创建混合对象

创建混合对象的操作方法有以下 2 种。

（1）应用混合工具创建混合对象。

选择"选择"工具 ，选取要进行混合的两个对象，如图 10-29 所示。选择"混合"工具 ，
单击要混合的起始图形，如图 10-30 所示。在另一个要混合的图形上进行单击，将它设置为目标图像，
如图 10-31 所示，绘制出的混合图形效果如图 10-32 所示。

图 10-29   图 10-30

图 10-31   图 10-32

（2）应用命令创建混合对象。

选择"选择"工具 ，选取要进行混合的对象。选择"对象 > 混合 > 建立"命令（组合键为
Alt+Ctrl+B），绘制出混合图形。

2．创建混合路径

选择"选择"工具 ，选取要进行混合的对象，如图 10-33 所示。选择"混合"工具 ，单击
要混合的起始路径上的某一节点，鼠标指针变为实心，如图 10-34 所示。用鼠标单击另一个要混合的目

标路径上的某一节点，将它设置为目标路径，如图 10-35 所示。绘制出混合路径，效果如图 10-36 所示。

图 10-33　　　　　　　图 10-34　　图 10-35　　　　　图 10-36

 提示

在起始路径和目标路径上单击的节点不同，所得出的混合效果也不同。

3. 继续混合其他对象

选择"混合"工具 ，单击混合路径中最后一个混合对象路径上的节点，如图 10-37 所示。单击想要添加的其他对象路径上的节点，如图 10-38 所示。继续混合对象后的效果如图 10-39 所示。

图 10-37　　　　　　　　　　　　图 10-38

图 10-39

4. 释放混合对象

选择"选择"工具 ▶，选取一组混合对象，如图 10-40 所示。选择"对象 > 混合 > 释放"命令（组合键为 Alt+Shift+Ctrl+B），释放混合对象，效果如图 10-41 所示。

图 10-40　　　　　　　　　　　　图 10-41

5. 使用"混合选项"对话框

选择"选择"工具 ▶，选取要进行混合的对象，如图 10-42 所示。选择"对象 > 混合 > 混合选项"命令，弹出"混合选项"对话框，在"混合选项"对话框"间距"选项的下拉列表中选择"平滑颜色"，可以使混合的颜色保持平滑，如图 10-43 所示。

在"混合选项"对话框"间距"选项的下拉列表中选择"指定的步数"，可以设置混合对象的步骤数，如图 10-44 所示。在"混合选项"对话框"间距"选项的下拉列表中选择"指定的距离"选项，可以设置混合对象间的距离，如图 10-45 所示。

图 10-42

图 10-43

图 10-44

图 10-45

在"混合选项"对话框的"取向"选项组中有"对齐页面"选项和"对齐路径"选项两个选项可以选择，如图 10-46 所示。设置每个选项后，单击"确定"按钮。选择"对象 > 混合 > 建立"命令，将对象混合，效果如图 10-47 所示。

图 10-46

图 10-47

10.1.3 混合的形状

"混合"命令可以将一种形状变形成另一种形状。

1. 多个对象的混合变形

选择"钢笔"工具 ，在页面上绘制 4 个不同形状的对象，如图 10-48 所示。

选择"混合"工具 ，单击第 1 个对象，接着按照顺时针的方向，依次单击每个对象，这样每个对象都被混合了，效果如图 10-49 所示。

第 1 步   第 2 步   第 3 步

图 10-48   图 10-49

2. 绘制立体效果

选择"钢笔"工具 ✏️，在页面上绘制灯笼的上底、下底和边缘线，如图 10-50 所示。选取灯笼的左右两条边缘线，如图 10-51 所示。

选择"对象 > 混合 > 混合选项"命令，弹出"混合选项"对话框，设置"指定的步数"选项数值框中的数值为 4，在"取向"选项组中选择"对齐页面"选项，如图 10-52 所示，单击"确定"按钮。选择"对象 > 混合 > 建立"命令，灯笼上面的立体竹竿即绘制完成，效果如图 10-53 所示。

图 10-50

图 10-51

图 10-52

图 10-53

10.1.4 编辑混合路径

在制作混合图形之前，需要修改混合选项的设置，否则系统将采用默认的设置建立混合图形。

混合得到的图形由混合路径连接，自动创建的混合路径默认是直线，如图 10-54 所示，可以编辑这条混合路径。编辑混合路径可以添加、减少控制点，以及扭曲混合路径，也可以将直角控制点转换为曲线控制点。

选择"对象 > 混合 > 混合选项"命令，弹出"混合选项"对话框，在"间距"选项组中包括 3 个选项，如图 10-55 所示。

图 10-54

"平滑颜色"选项：按进行混合的两个图形的颜色和形状来确定混合的步数，这是默认的选项，效果如图 10-56 所示。

图 10-55

图 10-56

"指定的步数"选项：用于控制混合的步数。当"指定的步数"选项被设置为 2 时，效果如图 10-57 所示。当"指定的步数"选项被设置为 6 时，效果如图 10-58 所示。

图 10-57

图 10-58

"指定的距离"选项：用于控制每一步混合的距离。当"指定的距离"选项被设置为 25 时，效果如图 10-59 所示。当"指定的距离"选项被设置为 2 时，效果如图 10-60 所示。

图 10-59   图 10-60

如果想要将混合图形与存在的路径结合，需要同时选取混合图形和外部路径，选择"对象 > 混合 > 替换混合轴"命令，替换混合图形中的混合路径，混合前后的效果对比如图 10-61 和图 10-62 所示。

图 10-61   图 10-62

10.1.5　操作混合对象

1.　改变混合图像的重叠顺序

选取混合图像，选择"对象 > 混合 > 反向堆叠"命令，混合图像的重叠顺序将被改变，改变前后的效果对比如图 10-63 和图 10-64 所示。

图 10-63   图 10-64

2.　打散混合图像

选取混合图像，选择"对象 > 混合 > 扩展"命令，混合图像将被打散，打散前后的效果对比如图 10-65 和图 10-66 所示。

图 10-65   图 10-66

10.2　封套效果的使用

Illustrator CC 2019 中提供了不同形状的封套类型，利用不同的封套类型可以改变选定对象的形状。封套不仅可以应用到选定的图形中，还可以应用于路径、复合路径、文本对象、网格、混合或导入的位图当中。

当对一个对象使用封套时，对象就像被放入到一个特定的容器中，封套使对象的本身发生相应的变化。同时，对于应用了封套的对象，还可以对其进行一定的编辑，如修改、删除等操作。

10.2.1 课堂案例——制作促销海报

⊕ 案例学习目标

学习使用"封套扭曲"命令、"高斯模糊"命令制作促销海报。

⊕ 案例知识要点

使用"文字"工具、"封套扭曲"命令、"渐变"工具和"高斯模糊"命令添加并编辑标题文字；使用"文字"工具、"字符"控制面板添加宣传性文字；使用"圆角矩形"工具、"描边"命令绘制虚线框。促销海报效果如图 10-67 所示。

⊕ 效果所在位置

资源包 > Ch10 > 效果 > 制作促销海报 .ai。

图 10-67

制作促销海报

STEP 1 按 Ctrl+O 组合键，打开资源包中的"Ch10 > 素材 > 制作促销海报 > 01"文件，效果如图 10-68 所示。

STEP 2 选择"文字"工具 T，在页面中分别输入需要的文字，选择"选择"工具 ▶，在属性栏中分别选择合适的字体并设置文字大小，填充文字为白色，效果如图 10-69 所示。

STEP 3 选取文字"双 11"，按 Ctrl+T 组合键，弹出"字符"控制面板，将"水平缩放" T 选项设置为 106%，其他选项的设置如图 10-70 所示；按 Enter 键确定操作，效果如图 10-71 所示。

图 10-68

图 10-69

图 10-70

图 10-71

STEP 4 选择"文字"工具 T，在数字"11"中间单击插入光标，如图 10-72 所示，在"字符"控制面板中,将"设置两个字符间的字距微调" V/A 选项设置为 –70,其他选项的设置如图 10–73 所示;按 Enter 键确定操作,效果如图 10–74 所示。

图 10–72　　　　　　　　　　图 10–73　　　　　　　　　　图 10–74

STEP 05 选择"选择"工具 ,用框选的方法同时选取输入的文字,如图 10–75 所示。选择"对象 > 封套扭曲 > 用变形建立"命令,在弹出的"变形选项"对话框中进行设置,如图 10–76 所示;单击"确定"按钮,文字的变形效果如图 10–77 所示。

图 10–75　　　　　　　　　　图 10–76　　　　　　　　　　图 10–77

STEP 06 按 Ctrl+C 组合键,复制文字,按 Ctrl+B 组合键,将复制的文字贴在后面。选择"对象 > 扩展"命令,弹出"扩展"对话框,如图 10–78 所示,单击"确定"按钮,扩展图形,并将其微调至适当的位置,效果如图 10–79 所示。

STEP 07 双击"渐变"工具 ,弹出"渐变"控制面板,选中"线性渐变"按钮 ,在色带上设置两个渐变滑块,分别将渐变滑块的位置设置为 0、28、67、89、100,并设置 C、M、Y、K 的值分别为 0(0、0、86、0)、28(0、22、100、0)、67(0、52、84、0)、89(2、73、84、0)、100(2、91、83、0),其他选项的设置如图 10–80 所示;图形被填充为渐变色,效果如图 10–81 所示。

图 10–78　　　　　图 10–79　　　　　　　图 10–80　　　　　　　图 10–81

STEP 08 选择"效果 > 模糊 > 高斯模糊"命令,在弹出的"高斯模糊"对话框中进行设置,如图 10–82 所示;单击"确定"按钮,效果如图 10–83 所示。

STEP 9 选择"文字"工具 T，在适当的位置输入需要的文字，选择"选择"工具 ▶，在属性栏中选择合适的字体并设置文字大小，填充文字为白色，效果如图 10-84 所示。

图 10-82   图 10-83   图 10-84

STEP 10 选择"圆角矩形"工具 ▢，在页面中单击，弹出"圆角矩形"对话框，选项的设置如图 10-85 所示，单击"确定"按钮，出现一个圆角矩形。选择"选择"工具 ▶，拖曳圆角矩形到适当的位置，效果如图 10-86 所示。设置图形填充色为土黄色（其 C、M、Y、K 值分别为 4、25、74、0），填充图形，并设置描边色为无，效果如图 10-87 所示。

图 10-85   图 10-86   图 10-87

STEP 11 选择"圆角矩形"工具 ▢，在页面中单击，弹出"圆角矩形"对话框，选项的设置如图 10-88 所示，单击"确定"按钮，出现一个圆角矩形。选择"选择"工具 ▶，拖曳圆角矩形到适当的位置，设置图形描边色为土黄色（其 C、M、Y、K 值分别为 4、25、74、0），填充描边，效果如图 10-89 所示。

STEP 12 选择"窗口 > 描边"命令，弹出"描边"控制面板，勾选"虚线"复选框，数值被激活，各选项的设置如图 10-90 所示；按 Enter 键确定操作，效果如图 10-91 所示。

图 10-88

STEP 13 选择"文字"工具 T，在适当的位置分别输入需要的文字，选择"选择"工具 ▶，在属性栏中分别选择合适的字体并设置文字大小，填充文字为白色，效果如图 10-92 所示。

图 10-89   图 10-90   图 10-91   图 10-92

STEP 14 选取文字"活动……9.20"，在"字符"控制面板中，将"设置所选字符的字距调整" **VA** 选项设置为 80，其他选项的设置如图 10-93 所示；按 Enter 键确定操作，效果如图 10-94 所示。设置文字 填充色为紫色（其 C、M、Y、K 值分别为 80、100、0、60），填充文字，效果如图 10-95 所示。

图 10-93　　　　　　　　　　图 10-94　　　　　　　　　　图 10-95

STEP 15 选取文字"本店……开售"，在"字符"控制面板中，将"设置所选字符的字距调整" **VA** 选项设置为 40，其他选项的设置如图 10-96 所示；按 Enter 键确定操作，效果如图 10-97 所示。

STEP 16 选择"文字"工具 T ，在适当的位置输入需要的文字，选择"选择"工具 ▶ ，在属性栏中选择合适的字体并设置文字大小，单击"居中对齐"按钮 ≡ ，使文本居中对齐，填充文字为白色，效果如图 10-98 所示。

图 10-96　　　　　　　　　　图 10-97　　　　　　　　　　图 10-98

STEP 17 在"字符"控制面板中，将"设置所选字符的字距调整" **VA** 选项设置为 180，其他选项的设置如图 10-99 所示；按 Enter 键确定操作，如图 10-100 所示。促销海报制作完成，如图 10-101 所示。

图 10-99　　　　　　　　　　图 10-100　　　　　　　　　　图 10-101

10.2.2　创建封套

当需要使用封套来改变对象的形状时，可以应用程序所预设的封套图形，或者使用网格工具调整对象，还可以使用自定义图形作为封套。但是，该图形必须处于所有对象的最上层。

创建封套的操作方法有以下 3 种。

（1）从应用程序预设的形状创建封套。

选中对象，选择"对象 > 封套扭曲 > 用变形建立"命令（组合键为 Alt+Shift+Ctrl+W），弹出"变形选项"对话框，如图 10-102 所示。

"样式"选项的下拉列表提供了 15 种封套类型，用户可根据需要选择，如图 10-103 所示。

"水平"选项和"垂直"选项用来设置指定封套类型的放置位置。选定一个选项，在"弯曲"选项中设置对象的弯曲程度，可以设置应用封套类型在水平或垂直方向上的比例。勾选"预览"复选框，可预览设置的封套效果，单击"确定"按钮，将设置好的封套应用到选定的对象中，图形应用封套前后的对比效果如图 10-104 所示。

图 10-102   图 10-103   图 10-104

（2）使用网格创建封套。

选中对象，选择"对象 > 封套扭曲 > 用网格建立"命令（组合键为 Alt+Ctrl+M），弹出"封套网格"对话框。在"行数"选项和"列数"选项的数值框中，可以根据需要输入网格的行数和列数，如图 10-105 所示，单击"确定"按钮，设置完成的网格封套将被应用到选定的对象中，如图 10-106 所示。

设置完成的网格封套还可以通过"网格"工具 进行编辑。选择"网格"工具 ，单击网格封套对象，即可增加对象上的网格数，如图 10-107 所示。按住 Alt 键的同时，单击对象上的网格点和网格线，可以减少网格封套的行数和列数。用"网格"工具 拖曳网格点可以改变对象的形状，如图 10-108 所示。

图 10-105   图 10-106   图 10-107   图 10-108

（3）使用路径创建封套。

同时选中对象和想要作为封套的路径（这时封套路径必须处于所有对象的最上层），如图 10-109 所示。选择"对象 > 封套扭曲 > 用顶层对象建立"命令（组合键为 Alt+Ctrl+C），使用路径创建的封套效果如图 10-110 所示。

图 10-109   图 10-110

10.2.3 编辑封套

用户可以对创建的封套进行编辑。由于创建的封套是将封套和对象组合在一起的,所以,既可以编辑封套,也可以编辑对象,但是两者不能同时编辑。

1. 编辑封套形状

选择"选择"工具 ▶ ,选取一个含有对象的封套。选择"对象 > 封套扭曲 > 用变形重置"命令或"用网格重置"命令,弹出"变形选项"对话框或"重置封套网格选项"对话框,这时,可以根据需要重新设置封套类型,效果如图 10-111 和图 10-112 所示。

选择"直接选择"工具 ▷ 或使用"网格"工具 ▦ 可以拖动封套上的锚点进行编辑。还可以使用"变形"工具 ▨ 对封套进行扭曲变形,效果如图 10-113 所示。

图 10-111   图 10-112   图 10-113

2. 编辑封套内的对象

选择"选择"工具 ▶ ,选取含有封套的对象,如图 10-114 所示。选择"对象 > 封套扭曲 > 编辑内容"命令(组合键为 Shift+Ctrl+V),对象将会显示原来的选择框,如图 10-115 所示。这时在"图层"控制面板中的封套图层左侧将显示一个小三角形,这表示可以修改封套中的内容,如图 10-116 所示。

图 10-114   图 10-115   图 10-116

10.2.4 设置封套属性

对封套进行设置,可以使封套更好地符合图形绘制的要求。

选择一个封套对象,选择"对象 > 封套扭曲 > 封套选项"命令,弹出"封套选项"对话框,如图 10-117 所示。

勾选"消除锯齿"复选项,可以在使用封套变形时防止锯齿的产生,保持图形的清晰度。在编辑非直角封套时,可以选择"剪切蒙版"和"透明度"两种方式保护图形。"保真度"选项用于设置对象适合封套的保真度。当勾选"扭曲外观"复选项后,下方的两个选项将被激活。"扭曲外观"复选项可使对象具有外观属性,如应用了特殊效果,对象也随着发生扭曲变形。"扭曲线性渐变填充"和"扭曲图案填充"复选项,分别用于扭曲对象的直线渐变填充和图案填充。

图 10-117

10.3 课堂练习——制作火焰贴纸

练习知识要点

使用"星形"工具、"圆角"命令绘制多角星形；使用"椭圆"工具、"描边"控制面板制作虚线；使用"钢笔"工具、"混合"工具制作火焰。效果如图10-118所示。

效果所在位置

资源包 > Ch10 > 效果 > 制作火焰贴纸 .ai。

制作火焰贴纸

图 10-118

10.4 课后习题——制作音乐节海报

习题知识要点

使用"添加锚点"工具和"锚点"工具添加并编辑锚点；使用"极坐标网格"工具、"渐变"工具、"用网格建立"命令和"直接选择"工具制作装饰图形；使用"矩形"工具、"用变形建立"命令制作琴键。效果如图10-119所示。

效果所在位置

资源包 > Ch10 > 效果 > 制作音乐节海报 .ai。

制作音乐节海报

图 10-119

Illustrator CC

Chapter

11

第11章
效果的使用

本章主要讲解Illustrator CC 2019中强大的效果功能。通过本章的学习，读者可以掌握效果命令的使用方法，并把变化丰富的图形图像效果应用到实际的设计中。

课堂学习目标

- 了解效果菜单和重复应用效果命令
- 熟练掌握效果的使用方法
- 掌握图形样式和外观控制面板的使用技巧

11.1 效果简介

在 Illustrator CC 2019 中，用户使用效果命令可以快速处理图像，通过对图像的变形和变色来使其更加精美。所有的效果命令都放置在"效果"菜单下，如图 11-1 所示。

"效果"菜单包括 4 个部分。第 1 部分是重复应用上一个效果的命令，第 2 部分是文档栅格化效果的设置，第 3 部分是 Illustrator 矢量效果命令，第 4 部分是 Photoshop 栅格效果命令。

11.2 重复应用效果命令

图 11-1

"效果"菜单的第一部分有两个命令，分别是"应用上一个效果"命令和"上一个效果"命令。当没有使用过任何效果时，这两个命令为灰色不可用状态，如图 11-2 所示。当使用过效果，这两个命令将显示为上次所使用过的效果命令。例如，如果上次使用过"效果 > 扭曲和变换 > 扭转"命令，那么菜单将变为图 11-3 所示的命令。

图 11-2

图 11-3

选择"应用上一个效果"命令可以直接使用上次效果操作所设置好的数值，把效果添加到图像上。打开文件，如图 11-4 所示，使用"效果 > 扭曲和变换 > 扭转"命令，设置扭曲度为 40°，如图 11-5 所示。选择"应用'扭转'"命令，可以保持第一次设置的数值不变，使图像再次扭曲 40°，如图 11-6 所示。

图 11-4

图 11-5

图 11-6

在上例中，如果选择"扭转"命令，将弹出"扭转"对话框，在"角度"输入框中可以重新输入新的数值，如图 11-7 所示。单击"确定"按钮，得到的效果如图 11-8 所示。

图 11-7

图 11-8

11.3 Illustrator 效果

Illustrator 效果为矢量效果，可以同时应用于矢量和位图对象，它包括 10 个效果组，有些效果组又包括多个效果。

11.3.1 课堂案例——制作影视招聘海报

🔍 **案例学习目标**

学习使用"文字"工具、"扭曲和变换"命令和"3D"命令制作影视招聘海报。

🔍 **案例知识要点**

使用"文字"工具和"粗糙化"命令制作标题文字；使用"文字"工具、"字符"控制面板和"凸出和斜角"命令制作 3D 效果；影视招聘海报效果如图 11-9 所示。

🔍 **效果所在位置**

资源包 > Ch11 > 效果 > 制作影视招聘海报 .ai。

图 11-9

制作影视招聘海报

STEP 1 按 Ctrl+O 组合键，打开资源包中的"Ch11 > 素材 > 制作促销海报 > 01"文件，效果如图 11-10 所示。

STEP 2 选择"文字"工具 T，在页面中输入需要的文字，选择"选择"工具 ▶，在属性栏中选择合适的字体并设置文字大小，填充文字为白色，效果如图 11-11 所示。

图 11-10

图 11-11

STEP **3** 选择"效果 > 扭曲和变换 > 粗糙化"命令，弹出"粗糙化"对话框，选项的设置如图 11-12 所示；单击"确定"按钮，效果如图 11-13 所示。

图 11-12   图 11-13

STEP **4** 选择"矩形"工具 ▭，在适当的位置拖曳鼠标绘制一个矩形，填充图形为黑色，并设置描边色为无，效果如图 11-14 所示。

STEP **5** 选择"文字"工具 T，在适当的位置输入需要的文字，选择"选择"工具 ▶，在属性栏中选择合适的字体并设置文字大小。设置文字填充色为红色（其 C、M、Y、K 的值分别为 0、87、74、0），填充文字，效果如图 11-15 所示。

图 11-14   图 11-15

STEP **6** 选择"效果 > 3D > 凸出和斜角"命令，弹出"3D 凸出和斜角选项"对话框，选项的设置如图 11-16 所示；单击"确定"按钮，如图 11-17 所示。影视招聘海报制作完成，如图 11-18 所示。

图 11-16   图 11-17   图 11-18

11.3.2 "3D" 效果组

"3D" 效果组可以将开放路径、封闭路径或位图对象转换为可以旋转、打光和投影的三维对象，如图 11-19 所示。

"3D" 效果组中的效果如图 11-20 所示。

图 11-19

原图像　　　　　　　"凸出和斜角"效果　　　　　　　"绕转"效果　　　　　　　"旋转"效果

图 11-20

11.3.3 "SVG 滤镜" 效果

SVG 是将图像描述为形状、路径、文本和滤镜效果的矢量格式。SVG 格式生成的文件很小，可在 Web、打印甚至资源有限的手持设备上提供较高品质的图像。用户可以在不损失图像的锐利程度、细节或清晰度的情况下，在屏幕上放大 SVG 图像的视图。此外，SVG 提供对文本和颜色的高级支持，它可以确保用户看到的图像和 Illustrator 画板上所显示的一样。

"SVG 滤镜" 效果是一系列描述各种数学运算的 XML 属性，生成的效果会应用于目标对象而不是原图形。如果对象使用了多个效果，则 "SVG 滤镜" 效果必须是最后一个效果。

如果要从 SVG 文件导入效果，需要选择 "效果 > SVG 滤镜 > 导入 SVG 滤镜" 命令，如图 11-21 所示。选择所需的 SVG 文件，然后单击 "打开" 按钮，打开文件。

11.3.4 "变形" 效果组

"变形" 效果使对象扭曲或变形，可作用的对象有路径、文本、网格、混合和栅格图像，如图 11-22 所示。

图 11-21　　　　　　　　　　　　　　　　　　图 11-22

"变形" 效果组中的效果如图 11-23 所示。

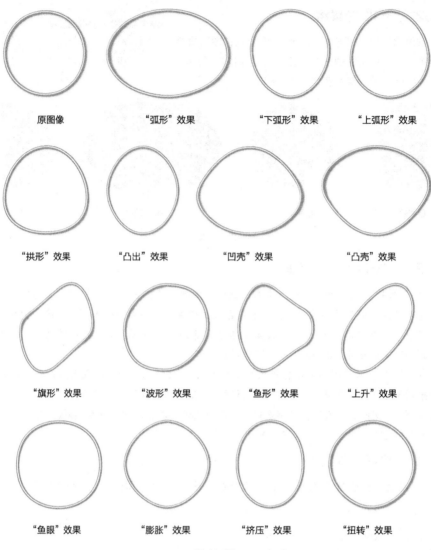

图 11-23

11.3.5 "扭曲和变换"效果组

"扭曲和变换"效果组可以使图像产生各种扭曲变形的效果，它包括 7 个效果命令，如图 11-24 所示。

图 11-24

"扭曲和变换"效果组中的效果如图 11-25 所示。

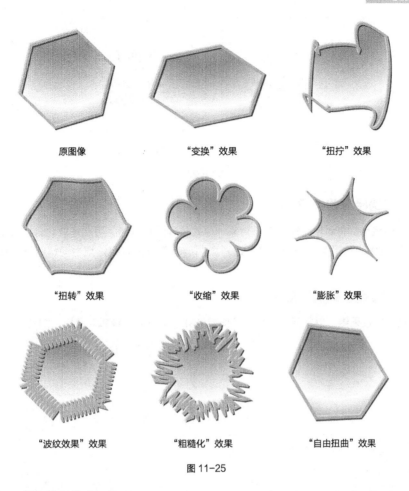

原图像　　　　　　　　"变换"效果　　　　　　　"扭拧"效果

"扭转"效果　　　　　　"收缩"效果　　　　　　　"膨胀"效果

"波纹效果"效果　　　　"粗糙化"效果　　　　　　"自由扭曲"效果

图 11-25

11.3.6 "栅格化"效果

"栅格化"是用来生成像素（非矢量数据）的效果，可以将矢量图像转化为像素图像，"栅格化"对话框如图 11-26 所示。

图 11-26

11.3.7 "裁剪标记"效果

"裁剪标记"效果指示了所需的打印纸张剪切的位置，效果如图 11-27 所示。

原图像   "裁剪标记" 效果

图 11-27

11.3.8 "路径" 效果组

"路径" 效果组可以将对象路径相对于对象的原始位置进行偏移，将文字转化为同其他图形对象一样可进行编辑和操作的一组复合路径，将所选对象的描边更改为与原始描边同样粗细的填色对象，如图 11-28 所示。

11.3.9 "路径查找器" 效果组

"路径查找器" 效果组可以将组、图层或子图层合并到单一的可编辑对象中，如图 11-29 所示。

图 11-28   图 11-29

11.3.10 "转换为形状" 效果组

"转换为形状" 效果组可以将矢量对象的形状转换为矩形、圆角矩形或椭圆，如图 11-30 所示。

图 11-30

"转换为形状" 效果组中的效果如图 11-31 所示。

原图像   "矩形" 效果   "圆角矩形" 效果   "椭圆" 效果

图 11-31

11.3.11 "风格化"效果组

"风格化"效果组可以增强对象的外观效果，如图 11-32 所示。

1. "内发光"命令

此命令可以在对象的内部创建发光的外观效果。选中要添加"内发光"效果的对象，如图 11-33 所示。选择"效果 > 风格化 > 内发光"命令，在弹出的"内发光"对话框中设置数值，如图 11-34 所示。单击"确定"按钮，对象的"内发光"效果如图 11-35 所示。

图 11-32

图 11-33

图 11-34

图 11-35

2. "圆角"命令

此命令可以为对象添加圆角效果。选中要添加"圆角"效果的对象，如图 11-36 所示。选择"效果 > 风格化 > 圆角"命令，在弹出的"圆角"对话框中设置数值，如图 11-37 所示。单击"确定"按钮，对象的"圆角"效果如图 11-38 所示。

图 11-36

图 11-37

图 11-38

3. "外发光"命令

此命令可以在对象的外部创建发光的外观效果。选中要添加"外发光"效果的对象，如图 11-39 所示。选择"效果 > 风格化 > 外发光"命令，在弹出的"外发光"对话框中设置数值，如图 11-40 所示。单击"确定"按钮，对象的"外发光"效果如图 11-41 所示。

图 11-39

图 11-40

图 11-41

4. "投影" 命令

此命令可以为对象添加投影。选中要添加"投影"效果的对象，如图 11-42 所示。选择"效果 >
风格化 > 投影"命令，在弹出的"投影"对话框中设置数值，如图 11-43 所示。单击"确定"按钮，
对象的"投影"效果如图 11-44 所示。

图 11-42   图 11-43   图 11-44

5. "涂抹" 命令

此命令可以为对象添加预设或自定的涂抹线条效果。选中要添加"涂抹"效果的对象，如图 11-45
所示。选择"效果 > 风格化 > 涂抹"命令，在弹出的"涂抹选项"对话框中设置数值，如图 11-46 所示。
单击"确定"按钮，对象的"涂抹"效果如图 11-47 所示。

图 11-45   图 11-46   图 11-47

6. "羽化" 命令

此命令可以将对象的边缘从实心颜色逐渐过渡为无色。选中要羽化的对象，如图 11-48 所示。选
择"效果 > 风格化 > 羽化"命令，在弹出的"羽化"对话框中设置数值，如图 11-49 所示。单击"确定"
按钮，对象的"羽化"效果如图 11-50 所示。

图 11-48   图 11-49   图 11-50

11.4 Photoshop 效果

Photoshop 效果为栅格效果，也就是用来生成像素的效果，可以同时应用于矢量或位图对象，它包括一个效果画廊和 9 个效果组，有些效果组又包括多个效果。

11.4.1 课堂案例——制作学术讲座海报

案例学习目标

学习使用"纹理"命令、"艺术效果"命令和"画笔描边"命令制作学术讲座海报。

案例知识要点

使用"矩形"工具、"纹理化"命令、"置入"命令和"干画笔"命令制作海报底图；使用"文字"工具、"创建轮廓"命令和"喷色描边"命令添加并编辑标题文字。学术讲座海报效果如图 11-51 所示。

效果所在位置

资源包 > Ch11 > 效果 > 制作学术讲座海报 .ai。

图 11-51

制作学术讲座海报

STEP ✋1 按 Ctrl+N 组合键，弹出"新建文档"对话框，设置文档的宽度为 150mm，高度为 200mm，取向为竖向，颜色模式为 CMYK，单击"创建"按钮，新建一个文档。

STEP ✋2 选择"矩形"工具 ▢，绘制一个与页面大小相等的矩形，设置填充色为浅黄色（其 C、M、Y、K 的值分别为 0、2、9、0），填充图形，并设置描边色为无，如图 11-52 所示。选择"效果 > 纹理 > 纹理化"命令，在弹出的对话框中进行设置，如图 11-53 所示；单击"确定"按钮，如图 11-54 所示。

图 11-52

图 11-53

图 11-54

STEP 13 选择"文件 > 置入"命令，弹出"置入"对话框，选择资源包中的"Ch10 > 素材 > 制作学术讲座海报 > 01"文件，单击"置入"按钮，在页面中单击置入图片，单击属性栏中的"嵌入"按钮，嵌入图片。选择"选择"工具 ▶，拖曳图片到适当的位置，效果如图 11-55 所示。

STEP 14 选择"效果 > 艺术效果 > 干画笔"命令，在弹出的"干画笔"对话框中进行设置，如图 11-56 所示；单击"确定"按钮，效果如图 11-57 所示。

图 11-55　　　　　　　　　　图 11-56　　　　　　　　　　图 11-57

STEP 15 在属性栏中将"不透明度"选项设置为 80%，按 Enter 键确定操作，效果如图 11-58 所示。选择"文字"工具 T，在页面中适当的位置输入需要的文字，选择"选择"工具 ▶，在属性栏中选择合适的字体并设置文字大小，效果如图 11-59 所示。按 Shift+Ctrl+O 组合键，将文字转换为轮廓，效果如图 11-60 所示。

图 11-58　　　　　　　　　　图 11-59　　　　　　　　　　图 11-60

STEP 16 选择"效果 > 画笔描边 > 喷色描边"命令，在弹出的"喷色描边"对话框中进行设置，如图 11-61 所示；单击"确定"按钮，效果如图 11-62 所示。

STEP 17 拖曳文字右上方的控制手柄，将其旋转到适当的角度，效果如图 11-63 所示。用相同的方法制作文字"术""讲""座"，效果如图 11-64 所示。

STEP 18 按 Ctrl+O 组合键，打开资源包中的"Ch10 > 素材 > 制作学术讲座海报 > 02"文件，选择"选择"工具 ▶，选取需要的图形，按 Ctrl+C 组合键，复制图形。选择正在编辑的页面，按 Ctrl+V 组合键，将其粘贴到页面中，并拖曳复制的图形到适当的位置，效果如图 11-65 所示。学术讲座海报制作完成，效果如图 11-66 所示。

图 11-61 图 11-62

图 11-63 图 11-64 图 11-65 图 11-66

11.4.2 "像素化"效果组

"像素化"效果组可以将图像中颜色相似的像素合并起来,产生特殊的效果,如图 11-67 所示。

Photoshop 效果	
效果画廊...	
像素化	彩色半调...
扭曲	晶格化...
模糊	点状化...
画笔描边	铜版雕刻...
素描	
纹理	

图 11-67

"像素化"效果组中的效果如图 11-68 所示。

原图像　　　　　"彩色半调"效果　　　　　"晶格化"效果　　　　　"点状化"效果　　　　　"铜版雕刻"效果

图 11-68

11.4.3 "扭曲"效果组

"扭曲"效果组可以通过对像素进行移动或插值来使图像达到扭曲效果，如图 11-69 所示。

"扭曲"效果组中的效果如图 11-70 所示。

图 11-69

原图像　　　　　"扩散亮光"效果　　　　　"海洋波纹"效果　　　　　"玻璃"效果

图 11-70

11.4.4 "模糊"效果组

"模糊"效果组可以削弱相邻像素之间的对比度，使图像达到柔化的效果，如图 11-71 所示。

1. "径向模糊"命令

图 11-71

"径向模糊"命令可以使图像产生旋转或运动的效果，模糊的中心位置可以任意调整。

选中图像，如图 11-72 所示。选择"效果 > 模糊 > 径向模糊"命令，在弹出的"径向模糊"对话框中进行设置，如图 11-73 所示。单击"确定"按钮，图像效果如图 11-74 所示。

图 11-72　　　　　　　　图 11-73　　　　　　　　图 11-74

2. "特殊模糊"命令

"特殊模糊"命令可以使图像背景产生模糊效果，可以用来制作柔化效果。

选中图像，如图 11-75 所示。选择"效果 > 模糊 > 特殊模糊"命令，在弹出的"特殊模糊"对话框中进行设置，如图 11-76 所示。单击"确定"按钮，图像效果如图 11-77 所示。

3. "高斯模糊"命令

"高斯模糊"命令可以使图像变得柔和，可以用来制作倒影或投影。

选中图像，如图 11-78 所示。选择"效果 > 模糊 > 高斯模糊"命令，在弹出的"高斯模糊"对话框中进行设置，如图 11-79 所示。单击"确定"按钮，图像效果如图 11-80 所示。

图 11-75 图 11-76 图 11-77

图 11-78 图 11-79 图 11-80

11.4.5 "画笔描边"效果组

"画笔描边"效果组可以通过不同的画笔和油墨设置产生类似绘画的效果,如图 11-81 所示。

"画笔描边"效果组中的各效果如图 11-82 所示。

图 11-81

原图像 "喷溅"效果

"喷色描边"效果 "墨水轮廓"效果 "强化的边缘"效果 "成角的线条"效果

图 11-82

"深色线条"效果   "烟灰墨"效果   "阴影线"效果

图 11-82（续）

11.4.6 "素描"效果组

"素描"效果组可以模拟现实中的素描、速写等美术方法对图像进行处理，如图 11-83 所示。

"素描"效果组中的各效果如图 11-84 所示。

图 11-83

原图像   "便条纸"效果   "半调图案"效果

"图章"效果   "基底凸现"效果   "影印"效果   "撕边"效果

"水彩画纸"效果   "炭笔"效果   "炭精笔"效果   "石膏效果"效果

"粉笔和炭笔"效果   "绘图笔"效果   "网状"效果   "铬黄"效果

图 11-84

11.4.7 "纹理"效果组

"纹理"效果组可以使图像产生各种纹理效果，还可以利用前景色在空白的图像上制作纹理图，如图 11-85 所示。

图 11-85

"纹理"效果组中的各效果如图 11-86 所示。

原图像　　　　　　　　　"拼缀图"效果　　　　　　　　"染色玻璃"效果

"纹理化"效果　　　　　"颗粒"效果　　　　　"马赛克拼贴"效果　　　　"龟裂缝"效果

图 11-86

11.4.8 "艺术效果"效果组

"艺术效果"效果组可以模拟不同的艺术派别，使用不同的工具和介质为图像创造出不同的艺术效果，如图 11-87 所示。

图 11-87

"艺术效果"效果组中的各效果如图 11-88 所示。

原图像	"塑料包装"效果	"壁画"效果	"干画笔"效果
"底纹效果"效果	"彩色铅笔"效果	"木刻"效果	"水彩"效果
"海报边缘"效果	"海绵"效果	"涂抹棒"效果	"粗糙蜡笔"效果
"绘画涂抹"效果	"胶片颗粒"效果	"调色刀"效果	"霓虹灯光"效果

图 11-88

11.4.9 "视频"效果组

"视频"效果组可以从摄像机输入图像或将 Illustrator 格式的图像输入到录像带上，主要用于解决 Illustrator 格式图像与视频图像交换时产生的系统差异问题，如图 11-89 所示。

图 11-89

"NTSC 颜色"命令可以将色域限制在用于电视机重现时可接受的范围内，以防止过饱和颜色渗到电视扫描行中。

"逐行"命令可以通过移去视频图像中的奇数或偶数扫描行，使在视频上捕捉的运动图像变得更平滑。用户可以选择通过复制或插值来替换移去的扫描行。

11.4.10 "风格化"效果组

"风格化"效果组中只有一个效果，如图 11-90 所示。

图 11-90

"照亮边缘"效果可以把图像中的低对比度区域变为黑色，高对比度区域变为白色，从而使图像上不同颜色的交界处出现发光效果。

选中图像，如图 11-91 所示。选择"效果 > 风格化 > 照亮边缘"命令，在弹出的"照亮边缘"对话框中进行设置，如图 11-92 所示。单击"确定"按钮，图像效果如图 11-93 所示。

图 11-91 　　　　　　　　　图 11-92 　　　　　　　　　图 11-93

11.5 图形样式及使用

Illustrator CC 2019 提供了多种样式库供选择和使用。下面具体介绍各种样式的使用方法。

11.5.1 图形样式及图形样式库

选择"窗口 > 图形样式"命令，弹出"图形样式"控制面板。在默认状态下，"图形样式"控制面板的效果如图 11-94 所示。在"图形样式"控制面板中，系统提供了多种预置的样式。在制作图像的过程中，不但可以任意调用"图形样式"控制面板中的样式，还可以创建、保存、管理样式。在"图形样式"控制面板的下方，"断开图形样式链接"按钮 用于断开样式与图形之间的链接；"新建图形样式"按钮 用于建立新的样式；"删除图形样式"按钮 用于删除不需要的样式。

Illustrator CC 2019 提供了丰富的样式库，选择"窗口 > 图形样式库"命令，弹出其子菜单，如图 11-95 所示；用户根据需要可以调出不同的样式库，如图 11-96 所示。

图 11-94   图 11-95   图 11-96

 提 示

Illustrator CC 2019 中的样式有 CMYK 颜色模式和 RGB 颜色模式两种类型。

11.5.2 使用样式

选中要添加样式的图形，如图 11-97 所示。在"图形样式"控制面板中单击要添加的样式，如图 11-98 所示。图形被添加样式后的效果如图 11-99 所示。

图 11-97   图 11-98   图 11-99

定义图形的外观后，可以将其保存。选中要保存外观的图形，如图 11-100 所示。单击"图形样式"控制面板中的"新建图形样式"按钮 ⬚ ，样式被保存到样式库，如图 11-101 所示。

将图形直接拖曳到"图形样式"控制面板中也可以保存图形的样式，如图 11-102 所示。

图 11-100   图 11-101   图 11-102

当把"图形样式"控制面板中的样式添加到图形上时，Illustrator CC 2019 将在图形和选定的样式之间创建一种链接关系。也就是说，如果"图形样式"控制面板中的样式发生了变化，那么被添加了该样式的图形也会随之变化。单击"图形样式"控制面板中的"断开图形样式链接"按钮 ，可断开链接关系。

11.6 外观及使用

在 Illustrator CC 2019 的 "外观" 控制面板中，可以查看当前对象或图层的外观属性，其中包括应用到对象上的效果、描边颜色、描边粗细、填色、不透明度等。

选择 "窗口 > 外观" 命令，弹出 "外观" 控制面板。选中一个对象，如图 11-103 所示，在 "外观" 控制面板中将显示该对象的各项外观属性，如图 11-104 所示。

图 11-103　　　　　　　　　　　图 11-104

"外观" 控制面板可分为 2 个部分。

第 1 部分为显示当前选择，可以显示当前路径或图层的缩略图。

第 2 部分为当前路径或图层的全部外观属性列表。它包括应用到当前路径上的效果、描边颜色、描边粗细、填色和不透明度等。如果同时选中的多个对象具有不同的外观属性，如图 11-105 所示，"外观" 控制面板将无法一一显示，只能提示当前选择为混合外观，效果如图 11-106 所示。

图 11-105　　　　　　　　　　　图 11-106

在 "外观" 控制面板中，各项外观属性是有层叠顺序的。在列举选取区的效果属性时，后应用的效果位于先应用的效果之上。拖曳代表各项外观属性的列表项，可以重新排列外观属性的层叠顺序，从而影响到对象的外观。例如，当图像的描边属性在填色属性之上时，如图 11-107 所示。在 "外观" 控制面板中将描边属性拖曳到填色属性的下方，如图 11-108 所示。改变层叠顺序后的图像效果如图 11-109 所示。

图 11-107　　　　　　　图 11-108　　　　　　　图 11-109

在创建新对象时，Illustrator CC 2019 将把当前设置的外观属性自动添加到新对象上。

11.7 课堂练习——制作矛盾空间效果 Logo

🔍 练习知识要点

　　使用"矩形"工具、"凸出和斜角"命令、"路径查找器"命令和"渐变"工具制作矛盾空间效果 Logo；使用"文字"工具输入 Logo 文字。效果如图 11-110 所示。

🔍 效果所在位置

　　资源包 > Ch11 > 效果 > 制作矛盾空间效果 Logo.ai。

图 11-110

制作矛盾空间效果 Logo

11.8 课后习题——制作发光文字效果

🔍 习题知识要点

　　使用"文字"工具输入文字；使用"创建轮廓"命令将文字轮廓化；使用"偏移路径"命令、"轮廓化描边"命令、"高斯模糊"命令和"外发光"命令为文字添加发光效果。效果如图 11-111 所示。

🔍 效果所在位置

　　资源包 > Ch11 > 效果 > 制作发光文字效果 .ai。

图 11-111

制作发光文字效果

Illustrator CC

12

第12章
综合实训案例

本章结合多个应用领域的综合案例，通过案例分析、案例设计、案例制作进一步详解Illustrator强大的设计功能和使用技巧。读者在学习综合案例并完成大量练习后，可以快速地掌握综合案例设计的理念和软件的应用技巧，设计制作出优质的作品。

课堂学习目标

- 掌握软件基础知识
- 了解软件的常用设计领域
- 掌握软件在不同设计领域的使用技巧

12.1 Banner 设计——制作汽车 Banner 广告

12.1.1 案例分析

本例是为凌酷汽车制作宣传广告。凌酷汽车以高质量、高性能的产品闻名，目前凌酷汽车推出新型跑车，要求宣传部门制作宣传广告。设计的广告以宣传汽车为主要内容，要求内容明确清晰，展现品牌品质。

在设计绘制过程中，以灰色调作为广告背景，承托出产品低调奢华的特点；运用耀眼的色彩使画面具有空间感；标题文字设计要具有创意、富有色彩感，丰富画面的空间效果；通过标题文字和图片的完美结合突出显示广告主体。

本例将使用"置入"命令添加汽车图片；使用"矩形"工具、"添加锚点"工具、"直接选择"工具、"路径查找器"命令和"钢笔"工具制作装饰图形；使用"文字"工具、"创建轮廓"命令和"渐变"工具添加并编辑标题文字；使用"文字"工具、"矩形网格"工具添加汽车配置参数。

12.1.2 案例设计

本案例设计效果如图 12-1 所示。

12.1.3 案例制作

1. 制作背景效果

图 12-1

制作背景效果

STEP ⟨1⟩ 按 Ctrl+N 组合键，弹出"新建文档"对话框，设置文档的宽度为 900 px，高度为 500 px，取向为横向，颜色模式为 RGB，单击"创建"按钮，新建一个文档。

STEP ⟨2⟩ 选择"文件 > 置入"命令，弹出"置入"对话框，选择资源包中的"Ch12 > 素材 > 制作汽车 Banner 广告 > 01"文件，单击"置入"按钮，在页面中单击置入图片。单击属性栏中的"嵌入"按钮，嵌入图片。选择"选择"工具 ▶，拖曳图片到适当的位置，效果如图 12-2 所示。按 Ctrl+2 组合键，锁定所选对象。选择"矩形"工具 ▢，在适当的位置绘制一个矩形，效果如图 12-3 所示。

图 12-2

图 12-3

STEP ⟨3⟩ 选择"直接选择"工具 ▷，选取右下角的锚点，向左拖曳锚点到适当的位置，效果如图 12-4 所示。选择"添加锚点"工具 ✍，在矩形斜边适当的位置分别单击，添加 2 个锚点，如图 12-5 所示。

STEP ⟨4⟩ 选择"直接选择"工具 ▷，选中并向右拖曳锚点到适当的位置，效果如图 12-6 所示。用相同的方法调整另外一个锚点，效果如图 12-7 所示。

图 12-4

图 12-5

图 12-6

图 12-7

STEP 05 选择"矩形"工具 ▢，在适当的位置绘制一个矩形，如图 12-8 所示。选择"钢笔"工具 ✏，在矩形右边中间的位置单击，添加一个锚点，如图 12-9 所示。分别在上下两端不需要的锚点上单击，删除锚点，效果如图 12-10 所示。

图 12-8   图 12-9   图 12-10

STEP 06 选择"选择"工具 ▸，按住 Shift 键，单击下一个图层的图形将其同时选取，如图 12-11 所示。选择"窗口 > 路径查找器"命令，弹出"路径查找器"控制面板，单击"减去顶层"按钮 ▣，如图 12-12 所示；生成新的对象，效果如图 12-13 所示。设置填充色为浅灰色（其 R、G、B 的值分别为 247、248、248），填充图形，并设置描边色为无，效果如图 12-14 所示。

图 12-11   图 12-12   图 12-13   图 12-14

STEP 07 选择"钢笔"工具 ✐ ，在适当的位置绘制一条折线，设置描边色为浅灰色（其 R、G、B 的值分别为 247、248、248），填充描边，如图 12-15 所示。在属性栏中将"描边粗细"选项设置为 3 pt，按 Enter 键确定操作，效果如图 12-16 所示。

图 12-15

图 12-16

STEP 08 选择"选择"工具 ▶ ，按住 Alt+Shift 组合键的同时，水平向右拖曳折线到适当的位置，复制折线，效果如图 12-17 所示。连续按 Ctrl+D 组合键，再复制出多条折线，效果如图 12-18 所示。

图 12-17

图 12-18

STEP 09 在属性栏中将"描边粗细"选项设置为 0.5 pt，按 Enter 键确定操作，效果如图 12-19 所示。用相同的方法设置其他折线的描边粗细，效果如图 12-20 所示。

图 12-19

图 12-20

2. 添加广告信息

STEP 01 选择"文字"工具 T ，在适当的位置输入需要的文字，选择"选择"工具 ▶ ，在属性栏中选择合适的字体并设置文字大小，效果如图 12-21 所示。选择"文字 > 创建轮廓"命令，将文字转换为轮廓，效果如图 12-22 所示。

STEP 02 双击"渐变"工具 ▣ ，弹出"渐变"控制面板，选中"线性渐变"按钮 ▣ ，在色带上设置两个渐变滑块，分别将渐变滑块的位置设置为 0、100，并设

添加广告信息

置 R、G、B 的值分别为 0(162、123、217)、100(61、74、185)，其他选项的设置如图 12-23 所示；文字被填充为渐变色，并设置描边色为无，效果如图 12-24 所示。

图 12-21   图 12-22   图 12-23   图 12-24

STEP 3 选择"选择"工具 ▶，按 Ctrl+C 组合键，复制文字，按 Ctrl+B 组合键，将复制的文字粘贴在后面。按→和↓方向键，微调复制的文字到适当的位置，效果如图 12-25 所示。按 Shift+X 组合键，互换填充色和描边，效果如图 12-26 所示。

图 12-25   图 12-26

STEP 4 选择"文字"工具 T，在适当的位置分别输入需要的文字，选择"选择"工具 ▶，在属性栏中分别选择合适的字体并设置文字大小，效果如图 12-27 所示。同时选取输入的文字，设置填充色为蓝色（其 R、G、B 的值分别为 61、74、185），填充文字，效果如图 12-28 所示。

图 12-27   图 12-28

STEP 5 选择"文字"工具 T，选取英文"UPGRADE"，设置填充色为深蓝色（其 R、G、B 的值分别为 44、37、75），填充文字，效果如图 12-29 所示。

STEP 6 选择"选择"工具 ▶，选取英文"EXCLUSIVE CUSTOMIZATION"，按 Ctrl+T 组合键，弹出"字符"控制面板，将"设置所选字符的字距调整" VA 选项设置为 –60，其他选项的设置如图 12-30 所示；按 Enter 键确认操作，效果如图 12-31 所示。

STEP 7 按 Ctrl+C 组合键，复制文字，按 Ctrl+B 组合键，将复制的文字粘贴在后面。按→和↓方向键，微调复制的图形到适当的位置，效果如图 12-32 所示。设置填充色为紫色（其 R、G、B 的值分别为 162、123、217），填充文字，效果如图 12-33 所示。

图 12-29   图 12-30   图 12-31

图 12-32   图 12-33

STEP 8 选择"文字"工具 T ，在适当的位置输入需要的文字，选择"选择"工具 ▶ ，在属性栏中选择合适的字体并设置文字大小，效果如图 12-34 所示。设置填充色为深蓝色（其 R、G、B 的值分别为 44、37、75），填充文字，效果如图 12-35 所示。

图 12-34   图 12-35

STEP 9 在"字符"控制面板中，将"设置行距" 选项设置为 39 pt，其他选项的设置如图 12-36 所示；按 Enter 键确定操作，效果如图 12-37 所示。

图 12-36   图 12-37

STEP 10 选择"矩形"工具 ▢ ，在适当的位置绘制一个矩形，效果如图 12-38 所示。选择"直接选择"工具 ▷ ，选取右下角的锚点，并向左拖曳锚点到适当的位置，效果如图 12-39 所示。

图 12-38 　　　　　　　　　　　　　　 图 12-39

选择 "吸管" 工具 ，将吸管 图标放置在上方渐变文字上，如图 12-40 所示，单击吸取属性，如图 12-41 所示。按 Ctrl+ [组合键，将图形向后移一层，效果如图 12-42 所示。

图 12-40 　　　　　　　　　 图 12-41 　　　　　　　　　 图 12-42

STEP 12 选择 "文字" 工具 ，选取文字 "XX4S 店"，设置填充色为浅灰色（其 R、G、B 的值分别为 247、248、248），填充文字，如图 12-43 所示。

STEP 13 选择 "矩形网格" 工具 ，在页面中单击，弹出 "矩形网格工具选项" 对话框，在对话框中进行设置，如图 12-44 所示。单击 "确定" 按钮，得到一个矩形网格。选择 "选择" 工具 ，拖曳矩形网格到适当的位置，设置描边色为浅灰色（其 R、G、B 的值分别为 247、248、248），填充描边，效果如图 12-45 所示。

图 12-43 　　　　　　　　　 图 12-44 　　　　　　　　　 图 12-45

STEP 14 选择 "编组选择" 工具 ，选取需要的垂直网格线，如图 12-46 所示；水平向右拖曳到适当的位置，效果如图 12-47 所示。

STEP 15 用相同的方法调整另一条垂直网格线，效果如图 12-48 所示。选择 "文字" 工具 ，在网格中分别输入需要的文字，选择 "选择" 工具 ，在属性栏中分别选择合适的字体并设置文字大小。同时选取输入的文字，设置填充色为浅灰色（其 R、G、B 的值分别为 247、248、248），填充文字，如图 12-49 所示。

图 12-46   图 12-47

图 12-48   图 12-49

STEP 16 选择"椭圆"工具 ◯，按住 Shift 键的同时，在适当的位置绘制一个圆形，设置填充色为浅灰色（其 R、G、B 的值分别为 247、248、248），填充图形，并设置描边色为无，效果如图 12-50 所示。

STEP 17 选择"选择"工具 ▶，按住 Alt+Shift 组合键的同时，水平向右拖曳圆形到适当的位置，复制圆形，效果如图 12-51 所示。

图 12-50   图 12-51

STEP 18 选择"选择"工具 ▶，按住 Shift 键，单击原图形将其同时选取，按住 Alt+Shift 组合键的同时，垂直向下拖曳圆形到适当的位置，复制圆形，效果如图 12-52 所示。连续 2 次按 Ctrl+D 组合键，再复制出 2 组圆形，效果如图 12-53 所示。

图 12-52   图 12-53

STEP 19 选择"选择"工具 ▶，按住 Shift 键的同时，选取不需要的圆形，如图 12-54 所示，按 Delete 键将其删除，效果如图 12-55 所示。

图 12-54　　　　　　　　　　　　　　图 12-55

STEP 20 选择"直线段"工具 ／，按住 Shift 键的同时，在适当的位置绘制一条直线，设置描边色为浅灰色（其 R、G、B 的值分别为 247、248、248），填充描边，效果如图 12-56 所示。

STEP 21 选择"选择"工具 ▶，按住 Alt 键的同时，向左下拖曳直线到适当的位置，复制直线，效果如图 12-57 所示。

图 12-56　　　　　　　　　　　　　　图 12-57

STEP 22 选择"文字"工具 T，在适当的位置输入需要的文字，选择"选择"工具 ▶，在属性栏中选择合适的字体并设置文字大小。设置填充色为浅灰色（其 R、G、B 的值分别为 247、248、248），填充文字，效果如图 12-58 所示。汽车 Banner 广告制作完成，效果如图 12-59 所示。

图 12-58　　　　　　　　　　　　　　图 12-59

12.2 海报设计——制作店庆海报

12.2.1　案例分析

本例是为商场制作店庆海报。设计要求突出海报宣传的主题，展现出热闹的氛围和视觉冲击感。画面设计要具有感染力，让人耳目一新。

在设计绘制过程中要注意：通过富有特色的背景，显示出商场的品质与独特；标题文字立体感强，视觉醒目突出；店庆的活动信息清晰明确，能够使消费者快速接收到主要信息，从而达到宣传效果；运用时尚漂亮的插画，使画面更加美观，具有其特色。

图 12-60

本例将使用"矩形"工具、"钢笔"工具、"旋转"工具和"不透明度"命令制作背景效果；使用"文字"工具、"字符"控制面板、"复制"命令和"填充"工具添加标题文字；使用"文字"工具、"字符"控制面板、"段落"控制面板和"椭圆"工具添加其他相关信息；使用"矩形"工具、"倾斜"工具绘制装饰图形。

12.2.2 案例设计

本案例设计效果如图 12-60 所示。

12.2.3 案例制作

1. 制作背景效果

STEP ◢◤1 按 Ctrl+N 组合键，弹出"新建文档"对话框，设置文档的宽度为 210mm，高度为 285mm，取向为竖向，出血为 3mm，颜色模式为 CMYK，单击"创建"按钮，新建一个文档。

制作背景效果

STEP ◢◤2 选择"矩形"工具 ▢，绘制一个与页面大小相等的矩形，如图 12-61 所示。设置填充色为紫色（其 C、M、Y、K 的值分别为 64、94、55、19），填充图形，并设置描边色为无，效果如图 12-62 所示。

图 12-61   图 12-62

STEP ◢◤3 选择"矩形"工具 ▢，在页面中绘制一个矩形，如图 12-63 所示。选择"钢笔"工具 ✎，在矩形中间的位置单击，添加一个锚点，如图 12-64 所示。分别在左右两侧不需要的锚点上单击，删除锚点，效果如图 12-65 所示。

图 12-63   图 12-64   图 12-65

STEP 4 选择"选择"工具 ▶ ，选取三角形，选择"旋转"工具 ↻ ，按住 Alt 键的同时，在三角形底部锚点上单击，如图 12-66 所示；弹出"旋转"对话框，选项的设置如图 12-67 所示；单击"复制"按钮，旋转并复制三角形，效果如图 12-68 所示。

图 12-66   图 12-67   图 12-68

STEP 5 连续按 Ctrl+D 组合键，复制出多个三角形，效果如图 12-69 所示。选择"选择"工具 ▶ ，按住 Shift 键，依次单击复制的三角形将其同时选取，按 Ctrl+G 组合键，将其编组，如图 12-70 所示。

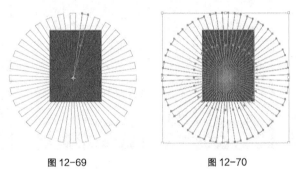

图 12-69   图 12-70

STEP 6 填充图形为白色，并设置描边色为无，效果如图 12-71 所示。选择"窗口 > 透明度"命令，弹出"透明度"控制面板，将混合模式设置为"柔光"，其他选项的设置如图 12-72 所示；按 Enter 键确定操作，效果如图 12-73 所示。

图 12-71   图 12-72   图 12-73

STEP 7 选择"选择"工具 ▶ ，选取下方浅紫色矩形，按 Ctrl+C 组合键，复制矩形，按 Shift+Ctrl+V 组合键，就地粘贴矩形，如图 12-74 所示。按住 Shift 键，单击下方白色编组图形将其同时选取，如图 12-75 所示；按 Ctrl+7 组合键，建立剪切蒙版，效果如图 12-76 所示。

图 12-74　　　　　　　图 12-75　　　　　　　图 12-76

STEP 08 按 Ctrl+O 组合键，打开资源包中的"Ch12 > 素材 > 制作店庆海报 > 01"文件，选择"选择"工具 ▶，选取需要的图形，按 Ctrl+C 组合键，复制图形。选择正在编辑的页面，按 Ctrl+V 组合键，将其粘贴到页面中，并拖曳复制的图形到适当的位置，效果如图 12-77 所示。

STEP 09 选择"钢笔"工具 ✒，分别绘制三个不规则图形，如图 12-78 所示。选择"选择"工具 ▶，按住 Shift 键的同时，选取需要的图形，设置填充色为红色（其 C、M、Y、K 的值分别为 0、81、72、0），填充图形，并设置描边色为无，效果如图 12-79 所示。选取需要的图形，设置填充色为浅红色（其 C、M、Y、K 的值分别为 6、91、88、0），填充图形，并设置描边色为无，效果如图 12-80 所示。

图 12-77　　　　　　　图 12-78　　　　　　　图 12-79　　　　　　　图 12-80

STEP 10 选择"选择"工具 ▶，按住 Shift 键，同时选取绘制的图形，如图 12-81 所示。按 Ctrl+C 组合键，复制图形，按 Ctrl+B 组合键，将复制的图形粘贴在后面。按→和↓方向键，微调复制的图形到适当的位置，效果如图 12-82 所示。

STEP 11 选择"窗口 > 路径查找器"命令，弹出"路径查找器"控制面板，单击"联集"按钮 ▣，如图 12-83 所示；生成新的对象，效果如图 12-84 所示。

图 12-81　　　　　　　图 12-82　　　　　　　图 12-83　　　　　　　图 12-84

STEP 12 保持图形选取状态，设置描边色为黑色，效果如图 12-85 所示。在属性栏中将"不透明度"选项设置为 30%，按 Enter 键确定操作，效果如图 12-86 所示。选择"矩形"工具 ▢，在适当的位置分别绘制两个矩形，如图 12-87 所示。

图 12-85　　　　　图 12-86　　　　　　　　　图 12-87

STEP 13 选择"选择"工具 ▶，按住 Shift 键，同时选取绘制的两个矩形，如图 12-88 所示。在"路径查找器"控制面板中，单击"减去顶层"按钮 ▣，如图 12-89 所示；生成新的对象，效果如图 12-90 所示。

图 12-88　　　　　　　图 12-89　　　　　　　图 12-90

STEP 14 双击"倾斜"工具 ▨，弹出"倾斜"对话框，选项的设置如图 12-91 所示；单击"确定"按钮，倾斜图形，效果如图 12-92 所示。设置填充色为蓝色（其 C、M、Y、K 的值分别为 62、3、30、0），填充图形，并设置描边色为无，效果如图 12-93 所示。

STEP 15 用相同的方法再制作一个倾斜矩形，并填充相应的颜色，效果如图 12-94 所示。按 Ctrl+O 组合键，打开资源包中的"Ch12 > 素材 > 制作店庆海报 > 02"文件，选择"选择"工具 ▶，选取需要的图形，按 Ctrl+C 组合键，复制图形。选择正在编辑的页面，按 Ctrl+V 组合键，将其粘贴到页面中，并拖曳复制的图形到适当的位置，效果如图 12-95 所示。

图 12-91　　　　　　图 12-92　　图 12-93　　　　　图 12-94　　　　　　图 12-95

2. 添加宣传语和其他信息

STEP 选择"文字"工具 T ，在页面中输入需要的文字，选择"选择"工具 ，在属性栏中选择合适的字体并设置文字大小，填充文字为白色，效果如图 12-96 所示。在属性栏中单击"居中对齐"按钮 ，微调文字到适当的位置，效果如图 12-97 所示。

STEP 按 Ctrl+T 组合键，弹出"字符"控制面板，将"设置行距" 选项设置为 43 pt，其他选项的设置如图 12-98 所示；按 Enter 键确定操作，效果如图 12-99 所示。

添加宣传语与
其他信息

图 12-96 　　　　　　　　　　图 12-97

图 12-98 　　　　　　　　　　图 12-99

STEP 选择"文字"工具 T ，选取文字"惊喜好礼送"，在属性栏中设置文字大小，效果如图 12-100 所示。设置填充色为黄色（其 C、M、Y、K 的值分别为 6、12、87、0），填充文字，效果如图 12-101 所示。

图 12-100 　　　　　　　　　　　图 12-101

STEP 选择"选择"工具 ，按 Ctrl+C 组合键，复制文字，按 Ctrl+B 组合键，将复制的文字粘贴在后面。按→和↓方向键，微调复制的图形到适当的位置，效果如图 12-102 所示。设置填充色为灰色（其 C、M、Y、K 的值分别为 0、0、0、40），填充文字，效果如图 12-103 所示。

STEP 按 Ctrl+C 组合键，复制文字，按 Ctrl+B 组合键，将复制的文字粘贴在后面。按→和↓方向键，微调复制的图形到适当的位置，效果如图 12-104 所示。设置填充色为灰色（其 C、M、Y、K 的值分别为 45、99、100、14），填充文字，效果如图 12-105 所示。

图 12-102   图 12-103

图 12-104   图 12-105

STEP 6 选择"文字"工具 T，在适当的位置输入需要的文字，选择"选择"工具 ▶，在属性栏中选择合适的字体并设置文字大小，填充文字为白色，效果如图 12-106 所示。

STEP 7 在"字符"控制面板中，将"设置所选字符的字距调整"VA选项设置为 50，其他选项的设置如图 12-107 所示；按 Enter 键确定操作，效果如图 12-108 所示。

图 12-106   图 12-107   图 12-108

STEP 8 选择"文字"工具 T，在左下角第二行文字开始处单击插入光标，如图 12-109 所示。按 Alt+Ctrl+T 组合键，弹出"段落"控制面板，将"左缩进" 选项设置为 16 pt，其他选项的设置如图 12-110 所示；按 Enter 键确定操作，效果如图 12-111 所示。

图 12-109   图 12-110   图 12-111

STEP 9 用相同的方法，设置第二、三行文字左缩进，效果如图 12-112 所示。选取文字"送"，在属性栏中设置文字大小，效果如图 12-113 所示。

图 12-112   图 12-113

STEP 10 保持文字选取状态，设置填充色为黄色（其 C、M、Y、K 的值分别为 6、12、87、0），填充文字，效果如图 12-114 所示。选取文字"5 元代金券"，在属性栏中选择合适的字体并设置文字大小，效果如图 12-115 所示。

图 12-114   图 12-115

STEP 11 选择"选择"工具 ▶，选取文字，拖曳文字右上角的控制手柄，旋转文字到适当的位置，效果如图 12-116 所示。

STEP 12 选择"椭圆"工具 ◯，按住 Shift 键的同时，在适当的位置绘制一个圆形，并在属性栏中将"描边粗细"选项设置为 4 pt，按 Enter 键确定操作。设置描边色为黄色（其 C、M、Y、K 的值分别为 6、12、87、0），填充描边，效果如图 12-117 所示。

STEP 13 用相同的方法添加其他活动信息，效果如图 12-118 所示。选择"矩形"工具 ▭，在页面中绘制一个矩形，设置填充色为黄色（其 C、M、Y、K 的值分别为 6、12、87、0），填充图形，并设置描边色为无，效果如图 12-119 所示。

图 12-116   图 12-117   图 12-118   图 12-119

STEP 14 选择"文字"工具 T，在适当的位置输入需要的文字，选择"选择"工具 ▶，在属性栏中选择合适的字体并设置文字大小；设置填充色为紫色（其 C、M、Y、K 的值分别为 64、94、55、19），填充文字，效果如图 12-120 所示。

STEP **15** 双击"倾斜"工具 ，弹出"倾斜"对话框，选项的设置如图 12-121 所示；单击"复制"按钮，倾斜图形，效果如图 12-122 所示。

STEP **16** 选择"选择"工具 ，按住 Shift 键，单击下方图层的矩形将其同时选取，拖曳右上角的控制手柄，旋转到适当的位置，效果如图 12-123 所示。用相同的方法制作其他文字，效果如图 12-124 所示。店庆海报制作完成。

图 12-122

图 12-120   图 12-121   图 12-123   图 12-124

12.3 宣传单设计——制作美食宣传单

12.3.1 案例分析

本例是为餐厅制作美食宣传单。设计要求画面丰富并且具有创意，能够表现出餐厅健康、营养、美味的特色，让人印象深刻。

在设计绘制过程中要注意：使用绿色作为宣传单的底色，并且搭配可爱的卡通图案；在细节上处理细致丰富，标题在画面中要占据重要位置，快速吸引人的眼球；在宣传单的背面详细标注食物的品种及价格；整个宣传单要美观实用，符合餐厅的要求。

本例将使用"矩形"工具、"渐变"工具和"透明度"工具绘制背景；使用"剪切蒙版"命令绘制装饰图形；使用"文字"工具、"绘图"工具、"混合"工具和"渐变"工具绘制标题文字；使用"绘图"工具、"文字"工具和"路径查找器"命令制作标志；使用"文字"工具添加菜单信息。

12.3.2 案例设计

本案例设计效果如图 12-125 所示。

图 12-125

12.3.3 案例制作

1. 制作宣传单正面

STEP **1** 按 Ctrl+N 组合键，弹出"新建文档"对话框，设置文档的宽度为 143mm，高度为 220mm，取向为竖向，画板数量为 2，颜色模式为 CMYK，单击"创建"按钮，新建一个文档。

制作宣传单正面

STEP 12 选择"矩形"工具 ▭，绘制一个与页面大小相等的矩形，如图 12-126 所示。双击"渐变"工具 ▤，弹出"渐变"控制面板，选中"径向渐变"按钮 ▧，在色带上设置两个渐变滑块，分别将渐变滑块的位置设置为 78、100，并设置 C、M、Y、K 的值为 78（11、0、37、0）、100（41、0、88、10），其他选项的设置如图 12-127 所示；图形被填充为渐变色，效果如图 12-128 所示。

图 12-126   图 12-127   图 12-128

STEP 13 选择"窗口 > 透明度"命令，弹出"透明度"控制面板，将"不透明度"选项设置为 68%，如图 12-129 所示；按 Enter 键确定操作，效果如图 12-130 所示。

STEP 14 按 Ctrl+O 组合键，打开资源包中的"Ch12 > 素材 > 制作美食宣传单 > 01"文件，选择"选择"工具 ▶，选取需要的图形，按 Ctrl+C 组合键，复制图形。选择正在编辑的页面，按 Ctrl+V 组合键，将其粘贴到页面中，并拖曳复制的图形到适当的位置，效果如图 12-131 所示。

图 12-129   图 12-130   图 12-131

STEP 15 按 Ctrl+O 组合键，打开资源包中的"Ch12 > 素材 > 制作美食宣传单 > 02"文件，选择"选择"工具 ▶，选取需要的图形，按 Ctrl+C 组合键，复制图形。选择正在编辑的页面，按 Ctrl+V 组合键，将其粘贴到页面中，并拖曳复制的图形到适当的位置，效果如图 12-132 所示。

STEP 16 双击"渐变"工具 ▤，弹出"渐变"控制面板，选中"线性渐变"按钮 ▦，在色带上设置两个渐变滑块，分别将渐变滑块的位置设置为 0、100，并设置 C、M、Y、K 的值为 0（36、0、92、0）、100（99、1、78、44），其他选项的设置如图 12-133 所示；图形被填充为渐变色，效果如图 12-134 所示。

STEP 17 选择"矩形"工具 ▭，在适当的位置绘制一个矩形，如图 12-135 所示。选择"选择"工具 ▶，按住 Shift 键，单击下方渐变图形将其同时选取，如图 12-136 所示。选择"对象 > 剪切蒙版 > 建立"命令，效果如图 12-137 所示。

图 12-132   图 12-133   图 12-134

图 12-135   图 12-136   图 12-137

STEP 8 选择"文件 > 置入"命令，弹出"置入"对话框，选择资源包中的"Ch12 > 素材 > 制作美食宣传单 > 03"文件，单击"置入"按钮，将图片置入到页面中，单击属性栏中的"嵌入"按钮，嵌入图片。选择"选择"工具 ▶，拖曳图片到适当的位置，效果如图 12-138 所示。

STEP 9 选择"椭圆"工具 ⬭，按住 Shift 键的同时，在图像上方绘制一个圆形，如图 12-139 所示。选择"选择"工具 ▶，按住 Shift 键，单击下方图片将其同时选取，如图 12-140 所示。

图 12-138   图 12-139   图 12-140

STEP 10 选择"对象 > 剪切蒙版 > 建立"命令，效果如图 12-141 所示。选择"效果 > 风格化 > 投影"命令，在弹出的"投影"对话框中进行设置，设置投影颜色为深绿色（其 C、M、Y、K 的值分别为 89、52、100、21），如图 12-142 所示；单击"确定"按钮，效果如图 12-143 所示。

图 12-141   图 12-142   图 12-143

STEP 11 选择"文字"工具 T ，在页面中输入需要的文字，选择"选择"工具 ▶ ，在属性栏中选择合适的字体并设置适当的文字大小；设置填充色为绿色（其 C、M、Y、K 的值分别为 82、29、100、0），填充文字，效果如图 12-144 所示。

STEP 12 按 Ctrl+T 组合键，弹出"字符"控制面板，将"水平缩放" 选项设置为 109%，其他选项的设置如图 12-145 所示；按 Enter 键确定操作，效果如图 12-146 所示。

图 12-144   图 12-145   图 12-146

STEP 13 按 Shift+Ctrl+O 组合键，将文字转换为轮廓，效果如图 12-147 所示。用相同的方法添加文字"味"，填充相同的颜色，效果如图 12-148 所示。

图 12-147   图 12-148

STEP 14 选择"文字 > 创建轮廓"命令，将文字转换为轮廓，效果如图 12-149 所示。选择"钢笔"工具 ✐ ，在适当的位置绘制不规则图形，效果如图 12-150 所示。

STEP 15 选择"选择"工具 ▶ ，按住 Shift 键，单击文字"味"将其同时选取，如图 12-151 所示。选择"窗口 > 路径查找器"命令，弹出"路径查找器"控制面板，单击"减去顶层"按钮 ，如图 12-152 所示，生成新的对象，效果如图 12-153 所示。

图 12-149   图 12-150   图 12-151   图 12-152   图 12-153

STEP 16 选择"直接选择"工具 ▷ ，选取需要的节点，如图 12-154 所示。调整节点的位置，效果如图 12-155 所示。选择"删除锚点"工具 ✐ ，选取需要的节点，如图 12-156 所示。单击节点，删除锚点，效果如图 12-157 所示。

STEP 17 选择"钢笔"工具 ✐ ，在适当的位置绘制不规则图形，设置填充色为绿色（其 C、M、Y、K 的值分别为 82、29、100、0），填充图形，并设置描边色为无，效果如图 12-158 所示。

STEP 18 选择"选择"工具 ▶ ，选取需要的文字和图形，如图 12-159 所示。在"路径查找器"控制面板中，单击"联集"按钮 ，如图 12-160 所示；生成新的对象，效果如图 12-161 所示。

图 12-154

图 12-155

图 12-156

图 12-157

图 12-158

图 12-159

图 12-160

图 12-161

STEP 19 选择"选择"工具，按住 Alt 键的同时，向左上拖曳文字到适当的位置，复制文字，如图 12-162 所示。设置填充色深绿色（其 C、M、Y、K 的值分别为 85、41、100、4），填充文字，效果如图 12-163 所示。按 Ctrl+C 组合键，复制文字。

STEP 20 按住 Shift 键的同时，单击选取下方文字，双击"混合"工具，在弹出的"混合选项"对话框中进行设置，如图 12-164 所示，单击"确定"按钮，分别在两个图形上单击，图形混合的效果如图 12-165 所示。按 Ctrl+F 组合键，将文字原位粘贴在前面，效果如图 12-166 所示。

图 12-162

图 12-163

图 12-164

图 12-165

图 12-166

STEP 21 在"渐变"控制面板中，选中"线性渐变"按钮，在色带上设置两个渐变滑块，分别将渐变滑块的位置设置为 0、100，并设置 C、M、Y、K 的值为 0（8、0、80、0）、100（30、0、84、0）；其他选项的设置如图 12-167 所示。图形被填充为渐变色，效果如图 12-168 所示。

STEP 22 选择"选择"工具，选取需要的文字，按 Ctrl+G 组合键，将其群组，效果如图 12-169 所示。用相同方法制作其他文字，效果如图 12-170 所示。

图 12-167

图 12-168

图 12-169

图 12-170

STEP 23 选择"文字"工具，在适当的位置输入需要的文字，选择"选择"工具，在属性栏中选择合适的字体并设置适当的文字大小，设置填充色为土黄色（其 C、M、Y、K 的值分别为 28、53、100、0），填充文字，效果如图 12-171 所示。按 Shift+Ctrl+O 组合键，将文字转换为轮廓，效果如图 12-172 所示。多次按 Ctrl+ [组合键，将图形向后移至适当的位置，效果如图 12-173 所示。

图 12-171　　　　图 12-172　　　　　　　图 12-173

STEP 24 按 Ctrl+C 组合键，复制文字，按 Ctrl+F 组合键，将文字原位粘贴在前面，设置填充色为深红色（其 C、M、Y、K 的值分别为 85、41、100、4），填充文字，效果如图 12-174 所示。选择"选择"工具▶，向外拖曳鼠标，等比例放大文字，效果如图 12-175 所示。按 Ctrl+C 组合键，复制文字。

图 12-174　　　　　　　　图 12-175

STEP 25 按住 Shift 键的同时，单击选取下方文字，双击"混合"工具🄌，在弹出的"混合选项"对话框中进行设置，如图 12-176 所示，单击"确定"按钮，分别在两个图形上单击，图形混合的效果如图 12-177 所示。按 Ctrl+F 组合键，将文字原位粘贴在前面，效果如图 12-178 所示。

图 12-176　　　　　　图 12-177　　　　　　　图 12-178

STEP 26 在"渐变"控制面板中，选中"线性渐变"按钮■，在色带上设置两个渐变滑块，分别将渐变滑块的位置设置为 0、100，并设置 C、M、Y、K 的值为 0（7、4、85、0）、100（2、32、76、0）；其他选项的设置如图 12-179 所示。图形被填充为渐变色，效果如图 12-180 所示。选择"选择"工具▶，选取需要的文字，按 Ctrl+G 组合键，将其群组，效果如图 12-181 所示。

图 12-179　　　　　　　图 12-180　　　　　　图 12-181

STEP 27 选择"效果 > 风格化 > 投影"命令，在弹出的"投影"对话框中进行设置，设置投影颜色为浅绿色（其 C、M、Y、K 的值分别为 80、35、100、0）；如图 12-182 所示。单击"确定"按钮，效果如图 12-183 所示。用相同的方法制作其他文字，效果如图 12-184 所示。

| 图 12-182 | 图 12-183 | 图 12-184 |

STEP 28 选择"01"文件。选择"选择"工具 ▶，选取图形，按 Shift+Ctrl+G 组合键，取消图形编组，并选取需要的图形，如图 12-185 所示。复制并将其粘贴到正在编辑的页面中，按 Ctrl+V 组合键，粘贴图形，将其拖曳到适当的位置并旋转适当的角度，如图 12-186 所示。设置填充色为绿色（其 C、M、Y、K 的值分别为 87、45、100、8），填充图形，效果如图 12-187 所示。

STEP 29 选择"文字"工具 T，在适当的位置输入需要的文字，选择"选择"工具 ▶，在属性栏中选择合适的字体并设置适当的文字大小，设置填充色为绿色（其 C、M、Y、K 的值分别为 87、45、100、8），填充文字，效果如图 12-188 所示。

| 图 12-185 | 图 12-186 | 图 12-187 | 图 12-188 |

STEP 30 在"字符"控制面板中，将"设置所选字符的字距调整" VA 选项设置为 –50，其他选项的设置如图 12-189 所示，按 Enter 键确定操作，效果如图 12-190 所示。按 Shift+Ctrl+O 组合键，将文字转换为轮廓，效果如图 12-191 所示。选择"对象 > 复合路径 > 建立"命令，效果如图 12-192 所示。

| 图 12-189 | 图 12-190 | 图 12-191 | 图 12-192 |

STEP **31** 选择"矩形"工具 ▭，在适当的位置绘制一个矩形，如图 12-193 所示。选择"选择"工具 ▶，选取需要的文字和图形，如图 12-194 所示。在"路径查找器"控制面板中，单击"减去顶层"按钮 ▣，如图 12-195 所示，生成新的对象，效果如图 12-196 所示。

图 12-193　　　　图 12-194　　　　图 12-195　　　　图 12-196

STEP **32** 用相同的方法添加其他文字，效果如图 12-197 所示。选择"选择"工具 ▶，选取需要的文字和图形，按 Ctrl+G 组合键，将其编组，效果如图 12-198 所示。

STEP **33** 选择"文字"工具 T，在适当的位置输入需要的文字，选择"选择"工具 ▶，在属性栏中选择合适的字体并设置适当的文字大小，设置填充色为深绿色（其 C、M、Y、K 的值分别为 8、86、93、0），填充文字，效果如图 12-199 所示。用相同的方法添加其他文字，并分别填充相应的颜色，效果如图 12-200 所示。

图 12-197　　　　图 12-198　　　　图 12-199　　　　图 12-200

STEP **34** 选择"圆角矩形"工具 ▭，在页面中单击，弹出"圆角矩形"对话框，选项的设置如图 12-201 所示。单击"确定"按钮，得到一个圆角矩形。将填充色和描边色均设置为深绿色（其 C、M、Y、K 的值分别为 85、46、100、9），填充图形，效果如图 12-202 所示。用相同的方法添加其他矩形，并设置填充色为无，效果如图 12-203 所示。

图 12-201　　　　图 12-202　　　　图 12-203

STEP **35** 选择"文字"工具 T，在适当的位置输入需要的文字，选择"选择"工具 ▶，在属性栏中选择合适的字体并设置文字大小。设置填充色为深绿色（其 C、M、Y、K 的值分别为 85、46、100、9），填充文字，效果如图 12-204 所示。选择"文字"工具 T，选取文字"活动时间"，填充文字为白色，如图 12-205 所示。

图 12-204　　　　　　　　　　　　　　　　　图 12-205

STEP 36 选择"文件 > 置入"命令，弹出"置入"对话框，选择资源包中的"Ch12 > 素材 > 制作美食宣传单 > 04"文件，单击"置入"按钮，将图片置入到页面中，单击属性栏中的"嵌入"按钮，嵌入图片。选择"选择"工具 ▶，拖曳图片到适当的位置，效果如图 12-206 所示。用相同的方法添加其他图片，效果如图 12-207 所示。美食宣传单正面制作完成，效果如图 12-208 所示。

图 12-206　　　　　　　　　图 12-207　　　　　　　　　图 12-208

2. 制作宣传单背面

STEP 1 选择"01"文件。按 Ctrl+A 组合键，全选图形，复制并将其粘贴到正在编辑的页面中，选择"选择"工具 ▶，拖曳图形到适当的位置，如图 12-209 所示。

制作宣传单背面

STEP 2 选择"矩形"工具 ▢，绘制一个与页面大小相等的矩形，设置填充色为草绿色（其 C、M、Y、K 的值分别为 26、2、41、0），填充图形，并设置描边色为无，如图 12-210 所示。在"透明度"控制面板中，将"不透明度"选项设置为 41%，如图 12-211 所示，效果如图 12-212 所示。

图 12-209　　　　　图 12-210　　　　　　　　图 12-211　　　　　　　图 12-212

STEP 3 选择"圆角矩形"工具 ▢，在适当的位置绘制一个圆角矩形，设置填充色为绿色（其 C、M、Y、K 的值分别为 81、26、100、0），填充图形，并设置描边色为无，效果如图 12-213 所示。选择"选择"工具 ▶，按住 Alt+Shift 组合键的同时，水平向右拖曳圆角矩形到适当位置，复制图形，效果如图 12-214 所示。按 Ctrl+D 组合键，再次复制图形，效果如图 12-215 所示。

图 12-213   图 12-214   图 12-215

STEP ◆**4** 选择"选择"工具 ▶，选取需要的圆角矩形，如图 12-216 所示。按住 Alt+Shift 组合键的同时，垂直向下拖曳圆角矩形到适当位置，效果如图 12-217 所示。按 Ctrl+D 组合键，再次复制图形，效果如图 12-218 所示。用相同的方法复制出其他图形，效果如图 12-219 所示。

图 12-216   图 12-217   图 12-218   图 12-219

STEP ◆**5** 选择"钢笔"工具 ✎，在适当的位置绘制不规则图形，如图 12-220 所示。选择"选择"工具 ▶，选取需要的图形，如图 12-221 所示。在"路径查找器"控制面板中，单击"联集"按钮 ◨，如图 12-222 所示。生成新的对象，效果如图 12-223 所示。用相同的方法绘制出其他图形，并填充适当颜色，效果如图 12-224 所示。

图 12-220   图 12-221   图 12-222   图 12-223   图 12-224

STEP ◆**6** 选择"文件 > 置入"命令，弹出"置入"对话框，选择资源包中的"Ch12 > 素材 > 制作美食宣传单 > 10"文件，单击"置入"按钮，将图片置入到页面中，单击属性栏中的"嵌入"按钮，嵌入图片。选择"选择"工具 ▶，拖曳图片到适当的位置，效果如图 12-225 所示。

STEP ◆**7** 多次按 Ctrl+ [组合键，将图形向后移至适当的位置，效果如图 12-226 所示。选择"选择"工具 ▶，选取需要的图形，如图 12-227 所示。选择"对象 > 剪切蒙版 > 建立"命令，效果如图 12-228 所示。用相同的方法制作其他图片，效果如图 12-229 所示。

图 12-225   图 12-226   图 12-227   图 12-228   图 12-229

STEP ◆**8** 选择"文字"工具 T，在页面中适当的位置输入需要的文字，选择"选择"工具 ▶，在属性栏中选择合适的字体并设置适当的文字大小，设置文字填充色为白色，填充文字，效果如

图 12-230 所示。用相同的方法添加其他文字，效果如图 12-231 所示。

STEP 09 选择"文件 > 置入"命令，弹出"置入"对话框，选择资源包中的"Ch12 > 素材 > 制作美食宣传单 > 14"文件，单击"置入"按钮，将图片置入到页面中，单击属性栏中的"嵌入"按钮，嵌入图片。选择"选择"工具 ▶，拖曳图片到适当的位置，效果如图 12-232 所示。

图 12-230　　　　　图 12-231　　　　　图 12-232

STEP 10 选择"圆角矩形"工具 ▭，绘制一个圆角矩形，如图 12-233 所示。选择"选择"工具 ▶，选取需要的图形和图片，选择"对象 > 剪切蒙版 > 建立"命令，效果如图 12-234 所示。在"透明度"控制面板中，将"不透明度"选项设置为 37%，如图 12-235 所示，效果如图 12-236 所示。

图 12-233　　　　　图 12-234　　　　　图 12-235　　　　　图 12-236

STEP 11 选择"圆角矩形"工具 ▭，在适当的位置绘制一个圆角矩形，设置描边色为深绿色（其 C、M、Y、K 的值分别为 83、33、100、0），填充描边，效果如图 12-237 所示。

STEP 12 选择"文字"工具 T，在适当的位置输入需要的文字，选择"选择"工具 ▶，在属性栏中选择合适的字体并设置适当的文字大小。设置填充色为深绿色（其 C、M、Y、K 的值分别为 83、41、100、4），填充文字，效果如图 12-238 所示。用相同的方法添加其他图形和文字，效果如图 12-239 所示。美食宣传单背面制作完成。

图 12-237　　　　　图 12-238　　　　　图 12-239

12.4 书籍装帧设计——制作少儿读物书籍封面

12.4.1 案例分析

本例是为少儿读物制作书籍装帧设计。书籍的内容是父子之间的相处情况，所以设计要求以亲子互动的画面为主要内容，并且合理搭配图文与用色，体现出温馨和睦的氛围，使书籍看起来更具特色。

在设计绘制过程中要注意：使用色彩丰富的水彩画作为书籍的底图，符合少儿观看喜好；淡彩的背景搭配亲子互动图片，能够使封面看起来更加温暖；运用错落排列的书籍名称使画面具有动感，书籍的封面与封底相互呼应，将少儿读物这一主题突出表现；书籍的设计整体符合要求，能够吸引读者目光。

本例将使用"参考线"分割页面；使用"文字"工具、"字符"控制面板添加并编辑书名；使用"椭圆"工具、"路径查找器"命令、"高斯模糊"命令制作装饰图形；使用"钢笔"工具、"文字"工具、"路径文字"工具和"填充"工具制作标签；使用"文字"工具、"直排文字"工具和"字符"控制面板添加其他相关信息。

12.4.2 案例设计

本案例设计效果如图 12-240 所示。

图 12-240

12.4.3 案例制作

1. 制作封面

STEP 1 按 Ctrl+N 组合键，弹出"新建文档"对话框，设置文档的宽度为 350mm，高度为 230mm，取向为横向，出血为 3mm，颜色模式为 CMYK，单击"创建"按钮，新建一个文档。

制作封面

STEP 2 按 Ctrl+R 组合键，显示标尺。选择"选择"工具 ▶，在左侧标尺上向右拖曳一条垂直参考线，选择"窗口 > 变换"命令，弹出"变换"控制面板，将"X"轴选项设置为 170mm，如图 12-241 所示；按 Enter 键确定操作，效果如图 12-242 所示。

STEP 3 保持参考线的选取状态，在"变换"控制面板中，将"X"轴选项设置为 180mm，按 Alt+Enter 组合键确定操作，效果如图 12-243 所示。

图 12-241

图 12-242

图 12-243

STEP 4 选择"文件 > 置入"命令，弹出"置入"对话框，选择资源包中的"Ch12 > 素材 > 制作少儿读物书籍封面 > 01、02"文件，单击"置入"按钮，在页面中分别单击置入图片，单击属性栏中的"嵌入"按钮，嵌入图片。选择"选择"工具 ▶，拖曳图片到适当的位置，效果如图 12-244 所示。

STEP 5 选择"矩形"工具□，在适当的位置绘制一个矩形，设置填充色为浅红色（其 C、M、Y、K 的值分别为 0、42、36、0），填充图形，并设置描边色为无，效果如图 12-245 所示。

图 12-244   图 12-245

STEP 6 选择"文字"工具 T，在封面中分别输入需要的文字，选择"选择"工具 ，在属性栏中选择合适的字体并设置文字大小，效果如图 12-246 所示。设置填充色蓝色（其 C、M、Y、K 的值分别为 66、25、2、0），填充文字，效果如图 12-247 所示。

图 12-246   图 12-247

STEP 7 按 Ctrl+T 组合键，弹出"字符"控制面板，将"设置行距" 选项设置为 55 pt，其他选项的设置如图 12-248 所示；按 Enter 键确定操作，效果如图 12-249 所示。

图 12-248   图 12-249

STEP 8 选择"文字"工具 T，选取第一个文字"爸"，如图 12-250 所示，在"字符"控制面板中，将"垂直缩放" 选项设置为 114%，其他选项的设置如图 12-251 所示；按 Enter 键确定操作，效果如图 12-252 所示。

STEP 9 使用"文字"工具 T，在第一个文字"爸"左侧单击，插入光标，如图 12-253 所示。在"字符"控制面板中，将"设置两个字符间的字距微调"选项的 选项设置为 -251，其他选项的设置如图 12-254 所示；按 Enter 键确定操作，效果如图 12-255 所示。

图 12-250　　　　　　　　　图 12-251　　　　　　　　　图 12-252

图 12-253　　　　　　　　　图 12-254　　　　　　　　　图 12-255

STEP 10 用相同的方法分别设置其他文字，效果如图 12-256 所示。选择 "椭圆" 工具 ⬭，在适当的位置分别绘制椭圆形，效果如图 12-257 所示。

图 12-256　　　　　　　　　　　　　图 12-257

STEP 11 选择 "选择" 工具 ▶，按住 Shift 键，依次单击所绘制的椭圆形将其同时选取，如图 12-258 所示。选择 "窗口 > 路径查找器" 命令，弹出 "路径查找器" 控制面板，单击 "联集" 按钮 ◨，如图 12-259 所示；生成新的对象，效果如图 12-260 所示。

图 12-258　　　　　　　　　图 12-259　　　　　　　　　图 12-260

STEP 12 保持图形选取状态。填充图形为白色，并设置描边色为无，效果如图 12-261 所示。按 Ctrl+ [组合键，将图形后移一层，效果如图 12-262 所示。

图 12-261　　　　　　　　　　　　　　　　　　图 12-262

STEP 13 选择"效果 > 模糊 > 高斯模糊"命令，在弹出的"高斯模糊"对话框中进行设置，如图 12-263 所示；单击"确定"按钮，效果如图 12-264 所示。

图 12-263　　　　　　　　　　　　　　　　　　图 12-264

STEP 14 选择"文字"工具 T，在适当的位置分别输入需要的文字，选择"选择"工具 ▶，在属性栏中分别选择合适的字体并设置文字大小，效果如图 12-265 所示。选择"文字"工具 T，在文字"云"左侧单击，插入光标，如图 12-266 所示。

图 12-265　　　　　　　　　　　　　　　　　　图 12-266

STEP 15 选择"文字 > 字形"命令，弹出"字形"控制面板，设置字体并选择需要的字形，如图 12-267 所示，双击插入字形，效果如图 12-268 所示。用相同的方法在其他位置插入字形，效果如图 12-269 所示。

图 12-267　　　　　　　　　　图 12-268　　　　　　　　　　图 12-269

STEP 16 选择"选择"工具 ▶，选取需要的文字，在"字符"控制面板中，将"设置所选字符的字距调整" VA 选项设置为 –100，其他选项的设置如图 12-270 所示；按 Enter 键确定操作，效果如图 12-271 所示。

图 12-270　　　　　　　　　　　　　　　　图 12-271

STEP 17 选择"文字"工具 T，选取文字"著"，在属性栏中设置文字大小，效果如图 12-272 所示。选择"选择"工具 ▶，设置填充色为蓝色（其 C、M、Y、K 的值分别为 66、25、2、0），填充文字，效果如图 12-273 所示。

图 12-272　　　　　　　　　　　　　　　　图 12-273

STEP 18 选择"圆角矩形"工具 ▢，在页面中单击，弹出"圆角矩形"对话框，选项的设置如图 12-274 所示，单击"确定"按钮，出现一个圆角矩形。选择"选择"工具 ▶，拖曳圆角矩形到适当的位置，效果如图 12-275 所示。

图 12-274　　　　　　　　　　　　　　　　图 12-275

STEP 19 填充描边为白色，并在属性栏中将"描边粗细"选项设置为 4 pt，按 Enter 键确定操作，效果如图 12-276 所示。设置填充色为淡黄色（其 C、M、Y、K 的值分别为 4、17、61、0），填充图形，效果如图 12-277 所示。

图 12-276　　　　　　　　　　　　　　　　图 12-277

STEP **20** 选择"效果 > 模糊 > 高斯模糊"命令，在弹出的"高斯模糊"对话框中进行设置，如图 12-278 所示；单击"确定"按钮，效果如图 12-279 所示。

图 12-278 图 12-279

STEP **21** 选择"文字"工具 T，在适当的位置输入需要的文字，选择"选择"工具 ，在属性栏中选择合适的字体并设置文字大小，填充文字为白色，效果如图 12-280 所示。

STEP **22** 按住 Shift 键，单击下方圆角矩形将其同时选取，选择"窗口 > 变换"命令，弹出"变换"控制面板，将"旋转"选项设置为 10°，如图 12-281 所示；按 Enter 键确定操作，效果如图 12-282 所示。

图 12-280 图 12-281 图 12-282

STEP **23** 选择"文字"工具 T，在适当的位置分别输入需要的文字，选择"选择"工具 ，在属性栏中分别选择合适的字体并设置文字大小，效果如图 12-283 所示。选取文字"微博……万次"，填充描边为白色，并设置填充色为蓝色（其 C、M、Y、K 的值分别为 66、25、2、0），填充文字，效果如图 12-284 所示。

图 12-283 图 12-284

STEP **24** 选择"文字"工具 T，选取文字"最全面、最权威"，设置填充色为淡黄色（其 C、M、Y、K 的值分别为 4、17、61、0），填充文字，效果如图 12-285 所示。选择"钢笔"工具 ，在适当的位置绘制一个心形，如图 12-286 所示。

图 12-285 　　　　　　　　　　　　　　　 图 12-286

STEP 25 选择 "窗口 > 描边" 命令，弹出 "描边" 控制面板，单击 "对齐描边" 选项中的 "使描边外侧对齐" 按钮 ，其他选项的设置如图 12-287 所示，按 Enter 键确定操作，效果如图 12-288 所示。设置填充色为蓝色（其 C、M、Y、K 的值分别为 66、25、2、0），填充图形，效果如图 12-289 所示。

图 12-287

STEP 26 选择 "钢笔" 工具 ✎，在适当的位置绘制一个不规则图形，如图 12-290 所示。设置填充色为淡黄色（其 C、M、Y、K 的值分别为 4、17、61、0），填充图形，并设置描边色为无，效果如图 12-291 所示。

图 12-288 　　　　　 图 12-289 　　　　　 图 12-290 　　　　　 图 12-291

STEP 27 按 Ctrl+C 组合键，复制图形，按 Ctrl+B 组合键，将复制的图形粘贴在后面。填充描边为白色，并在 "描边" 控制面板中，单击 "边角" 选项中的 "圆角连接" 按钮 ⌐，其他选项的设置如图 12-292 所示；按 Enter 键确定操作，如图 12-293 所示。

STEP 28 按 Ctrl+ [组合键，将图形后移一层，效果如图 12-294 所示。选择 "钢笔" 工具 ✎，在适当的位置绘制一个不规则图形，填充图形为白色，并设置描边色为无，如图 12-295 所示。

图 12-292 　　　　　 图 12-293 　　　　　 图 12-294 　　　　　 图 12-295

STEP 29 选择 "文字" 工具 T，在适当的位置输入需要的文字，选择 "选择" 工具 ▶，在属性栏中选择合适的字体并设置文字大小，填充文字为白色，效果如图 12-296 所示。

STEP 30 在 "字符" 控制面板中，将 "设置所选字符的字距调整" VA 选项设置为 −100，其他选项的设置如图 12-297 所示；按 Enter 键确定操作，效果如图 12-298 所示。

STEP 31 选择 "钢笔" 工具 ✎，在适当的位置绘制一条曲线，如图 12-299 所示。选择 "路径文字" 工具 ✎，在曲线路径上单击，出现一个带有选中文本的文本区域，如图 12-300 所示；

输入需要的文字,在属性栏中选择合适的字体并设置适当的文字大小,单击"居中对齐"按钮 ≣,如图 12-301 所示。设置填充色为蓝色(其 C、M、Y、K 的值分别为 66、25、2、0),填充文字,如图 12-302 所示。

图 12-296   图 12-297   图 12-298

图 12-299   图 12-300   图 12-301   图 12-302

2. 制作封底和书脊

STEP ⓵ 选择"椭圆"工具 ⬭,在封底中分别绘制椭圆形,如图 12-303 所示。选择"选择"工具 ▶,用框选的方法同时选取所绘制的图形,如图 12-304 所示。

STEP ⓶ 在"路径查找器"控制面板中,单击"联集"按钮 ▣,如图 12-305 所示;生成新的对象,效果如图 12-306 所示。填充图形为白色,并设置描边色为无,效果如图 12-307 所示。

制作封底和书脊

图 12-303

图 12-304

图 12-305   图 12-306   图 12-307

STEP 03 选择"效果 > 模糊 > 高斯模糊"命令，在弹出的"高斯模糊"对话框中进行设置，如图 12-308 所示；单击"确定"按钮，效果如图 12-309 所示。

图 12-308   图 12-309

STEP 04 选择"文字"工具 T，在适当的位置输入需要的文字，选择"选择"工具 ▶，在属性栏中选择合适的字体并设置文字大小。设置填充色为蓝色（其 C、M、Y、K 的值分别为 66、25、2、0），填充文字，效果如图 12-310 所示。

STEP 05 在"字符"控制面板中，将"设置所选字符的字距调整" VA 选项设置为 100，其他选项的设置如图 12-311 所示；按 Enter 键确定操作，效果如图 12-312 所示。

图 12-310   图 12-311   图 12-312

STEP 06 选择"直排文字"工具 IT，在适当的位置输入需要的文字，选择"选择"工具 ▶，在属性栏中选择合适的字体并设置文字大小，效果如图 12-313 所示。

STEP 07 在"字符"控制面板中，将"设置所选字符的字距调整" 选项设置为 50，其他选项的设置如图 12-314 所示；按 Enter 键确定操作，效果如图 12-315 所示。

图 12-313   图 12-314   图 12-315

STEP 08 选择"矩形"工具 □，在适当的位置绘制一个矩形，如图 12-316 所示。选择"文字"工具 T，在适当的位置输入需要的文字，选择"选择"工具 ▶，在属性栏中选择合适的字体并设置文字大小，效果如图 12-317 所示。

STEP 09 选择"矩形"工具 □，在书脊中绘制一个矩形，设置填充色为浅红色（其 C、M、Y、K 的值分别为 0、42、36、0），填充图形，并设置描边色为无，效果如图 12-318 所示。

STEP 10 选择"直排文字"工具 IT，在适当的位置输入需要的文字，选择"选择"工具 ▶，在属性栏中选择合适的字体并设置文字大小。设置填充色为蓝色（其 C、M、Y、K 的值分别为

66、25、2、0），填充文字，效果如图 12-319 所示。

图 12-316   图 12-317

图 12-318   图 12-319

STEP 11 保持文字选取状态。填充描边为白色，并在属性栏中将"描边粗细"选项设置为 2 pt，按 Enter 键确定操作，效果如图 12-320 所示。选择"效果 > 模糊 > 高斯模糊"命令，在弹出的"高斯模糊"对话框中进行设置，如图 12-321 所示；单击"确定"按钮，效果如图 12-322 所示。

图 12-320   图 12-321   图 12-322

STEP 12 选择"圆角矩形"工具，在页面中单击，弹出"圆角矩形"对话框，选项的设置如图 12-323 所示，单击"确定"按钮，出现一个圆角矩形。选择"选择"工具，拖曳圆角矩形到适当的位置，效果如图 12-324 所示。设置填充色为淡黄色（其 C、M、Y、K 的值分别为 4、17、61、0），填充图形，并设置描边色为无，效果如图 12-325 所示。

STEP 13 选择"直排文字"工具，在适当的位置输入需要的文字，选择"选择"工具，在属性栏中选择合适的字体并设置文字大小。设置填充色为蓝色（其 C、M、Y、K 的值分别为 66、25、2、0），填充文字，效果如图 12-326 所示。

图 12-323   图 12-324   图 12-325   图 12-326

STEP 14 选择"选择"工具 ▶，在封面中选取需要的文字，如图 12-327 所示。按住 Alt 键的同时，向左拖曳文字到书脊上，复制文字，效果如图 12-328 所示。

图 12-327   图 12-328

STEP 15 选择"文字 > 文字方向 > 垂直"命令，将横排文字转换为竖排文字，效果如图 12-329 所示。用相同的方法复制封面中其余需要的文字，并调整文字方向，效果如图 12-330 所示。少儿读物书籍封面完成，效果如图 12-331 所示。

图 12-329   图 12-330   图 12-331

12.5 课堂练习 1——制作手机广告

🔍 练习知识要点

　　使用"置入"命令添加产品图片；使用"文字"工具、"创建轮廓"命令、"钢笔"工具和"星形"工具制作标题文字；使用"渐变"工具和"混合"工具制作文字立体效果；使用"钢笔"工具、"渐变"工具和"文字"工具添加介绍性文字。效果如图 12-332 所示。

资源包 > Ch12 > 效果 > 制作手机广告 .ai。

制作手机广告

图 12-332

12.6 课堂练习 2——制作装饰家居电商网站产品详情页

⊕ 练习知识要点

使用"参考线"分割页面；使用"矩形"工具、"置入"命令、"文字"工具制作注册栏及导航栏；使用"矩形"工具、"置入"命令、"剪切蒙版"命令为图片添加剪切蒙版效果；使用"文字"工具、"字符"控制面板制作内容和页脚区域；使用"直线段"工具绘制装饰线条。效果如图 12-333 所示。

⊕ 效果所在位置

资源包 > Ch12 > 效果 > 制作装饰家居电商网站产品详情页 .ai。

图 12-333

制作装饰家居电商网站详情页 1

制作装饰家居电商网站详情页 2

制作装饰家居电商网站详情页 3

12.7 课堂练习 3——制作旅游画册

练习知识要点

使用"参考线"分割页面;使用"文字"工具、"倾斜"工具制作标题文字;使用"矩形"工具、"置入"命令和"剪切蒙版"命令为图片添加剪切蒙版效果;使用"文字"工具、"字形"命令、"字符"控制面板和"段落"控制面板添加并编辑内容文字;使用"投影"命令为图片添加投影效果;使用"矩形"工具、"不透明度"选项为图形添加半透明效果。效果如图 12-334 所示。

效果所在位置

资源包 > Ch12 > 效果 > 制作旅游画册 > 旅游画册封面 .ai、旅游画册内页 .ai。

制作旅游画册 1

制作旅游画册 2

制作旅游画册 3

图 12-334

制作旅游画册 4

12.8 课后习题 1——制作柠檬汁包装

习题知识要点

使用"矩形"工具、"渐变"工具和"剪切蒙版"命令制作包装底图;使用"文字"工具、"字符"控制面板、"变形"命令、"直线段"工具、"整形"工具和"填充"工具添加产品名称和信息;使用"钢笔"工具、"剪切蒙版"命令和"后移一层"命令制作包装立体展示图。效果如图 12-335 所示。

效果所在位置

资源包 > Ch12 > 效果 > 制作柠檬汁包装 .ai。

制作柠檬汁包装 1

制作柠檬汁包装 2

图 12-335

制作柠檬汁包装 3

12.9 课后习题 2——制作瑞城地产集团 VI 手册

习题知识要点

使用"矩形"工具、"直接选择"工具、"透明度"控制面板、"钢笔"工具和"文字"工具制作标志；使用"矩形"工具、"直线段"工具、"剪切蒙版"命令和"文字"工具制作模板；使用"矩形网格"工具绘制需要的网格；使用"直线段"工具和"文字"工具对图形进行标注；使用"绘图"工具和"镜像"命令制作信封效果；使用"描边"控制面板制作虚线效果。效果如图 12-336 所示。

效果所在位置

资源包 > Ch12 > 效果 > 制作瑞城地产集团 VI 手册 .ai。

图 12-336

制作标志制图　　　　　　标志组合规范

制作标志墨稿与反白应用规范　　　　制作标准色

制作公司名片　　　　　　制作传真纸

制作五号信封　　　　　　制作信纸

图 12-336（续）